不完全性定理

数学的体系のあゆみ

野﨑昭弘

筑摩書房

はじめに

　ゲーデルの不完全性定理とは，名前からしてふしぎな，むずかしげな定理であるが，ひじょうに有名で，解説書も少なくない．しかしその内容は，痛快なのだけれどやはりむずかしく，「わかりやすいように」と嚙みくだいて書くと本質をゆがめてしまうことがある．

　この本では，本質をそこなわないように，しかもなるべく読みやすいようにと，私なりの努力をしてみた．その結果，これまでの私の理解が不十分であったことがよくわかったし，表面的な解説よりは「ひと皮むけた」ところまで進めることができたかな，と思っている．

　最初の３章は，数学の歴史──数学の誕生から超数学の誕生までの解説であり，あとの３章が超数学入門にあてられている．とくに最後の第６章が，「不完全性定理」を含むゲーデルの仕事の解説で，ここがこの本の「華」であるから，途中の技術的な解説はどんどん省いて，たとえば第３章から第６章に飛んでもよい．あとは興味に応じて，適当におもしろそうなところだけ拾い読みされるようおすすめしたい．

　ではまず皆様を，オズの国にご招待しよう．それからタイムマシンに乗って，紀元前６〜７世紀の地中海世界へとご案内したい．では，第１章からどうぞ……

本書を私の恩師
彌永昌吉先生に
献げます．

目　　次

はじめに……………………………………………… 003

第1章　ギリシャの奇跡……………………………… 011
1.1　「らしい」と「である」………………………… 012
1.2　根拠を問う ……………………………………… 013
1.3　理想化する ……………………………………… 023
1.4　体系化する ……………………………………… 034

第2章　体系とその進化……………………………… 049
2.1　定義の退化 ……………………………………… 050
2.2　公理系の精密化 ………………………………… 055
2.3　公理系の進化 …………………………………… 060
2.4　モデルの多様化 ………………………………… 068
2.5　モデルの効用 …………………………………… 079

[コラム]
言葉は何でもよいか？◆ 090

第3章　集合論の光と陰……………………………… 093
3.1　数学教育と集合論 ……………………………… 094
3.2　集合論の光 ……………………………………… 097
3.3　集合論の陰 ……………………………………… 114
3.4　根拠を求めて …………………………………… 127

[コラム]

  関係概念の集合論的記述▲　136
  対角線論法▲　138
  ブローエルと排中律▲　141
  現代数学に大きな影響を及ぼした数学者たち■　144

第4章　証明の形式化 …………………………………… 147
 4.1　推論とは何か ………………………………… 148
 4.2　正しい推論のパターン ……………………… 150
 4.3　公理が足りない ……………………………… 159
 4.4　論理体系の構築 ……………………………… 163
 4.5　証明の形式化 ………………………………… 171
 4.6　形式化の徹底 ………………………………… 177

[コラム]

  両刀論法◆　191
  同値関係の解説◆　192
  論理体系 L の解説◆　197
  アキレスとカメ：ルイス・キャロルのパラドックス◆　199
  再帰的定義について▲　201
  述語論理の階数について▲　203

第5章　超数学の誕生 …………………………………… 205
 5.1　超数学の目標 ………………………………… 206
 5.2　超数学の方法 ………………………………… 215
 5.3　超数学の土台 ………………………………… 223

[コラム]
　　　有限の立場で認められる基本操作について◆　230

第6章　ゲーデル登場 … 233
6.1　完全性定理 … 234
6.2　不完全性定理 … 240
6.3　第2, 第3不完全性定理 … 259
6.4　おわりに … 266

[コラム]
　　　定理2をめぐって▲　272
　　　人間, 形式化, コンピューター■　273
　　　表現ということ◆　276
　　　第2不完全性定理の証明のあらまし▲　278
　　　第3不完全性定理とその証明の方針▲　281
　　　コンピューター感覚の不完全性定理◆　283
　　　ゲーデルの証明はやさしい？◆　284

参考文献 … 289

あとがき … 291

文庫版あとがき … 294

[注意]　解説コラムのタイトル後ろのマークは, 読みやすさの段階を表示している.
　　■ 一般向け,　◆ 熱心な方のために,　▲ やや専門的

　　　　　　　　　　　　　　　　　　イラスト：清水幸枝

不完全性定理

数学的体系のあゆみ

第1章
ギリシャの奇跡

　　　　　「わたしの服は,青と白のチェックですけれど.」と,
　　　　ドロシーは,服のしわをのばしながらいいました.
　　　　　「そういう色のものを着てくれるとはありがたい.」
　　　　と,ボク(注:マンチキン族のあるお金持ち)はいいま
　　　　した.「青は,マンチキンの色だし,白は,魔女の色だか
　　　　らね.だからあなたは,わたしたちの友だちの魔女だ
　　　　とわかるんだ.」
　　　　　　　　　　　——L.F.バウム『オズの魔法使い』
　　　　　　　　　　　　　（渡辺茂男訳,福音館書店より）

1.1 「らしい」と「である」

　世の中は，誤解に満ちみちている．それで苦い思いをすることもあるが，トクをする場合もないわけではない．数学のできる人は「頭がいい」とか「変わっている」という誤解は，ある人を傷つけある人を満足させ，またある人をうぬぼれさせ……などというとまたあらぬ誤解を招くかもしれないが，竜巻で家ごと飛ばされて知らない土地に落ちてきたドロシーにとって，「よい魔女」と思われるのは，悪い誤解ではなかった．その土地（オズの国）では，「魔法使いか魔女だけが，白い色のものを身につける」ことになっているので，青と白のチェックの子供服を着ていたドロシーが魔女と間違えられたのは，無理のないことかもしれない．また自分たちの色である青が入っているからといって，よそ者を「友だちだ」と思い込むのは，もちろん論理の飛躍であるが，この場合はその飛躍もドロシーに都合のいいことで，敵と誤解されるよりずっとありがたいことであった．

　これは童話の中から拾ってきたかわいらしい例であるが，ひどい例もいくらもある．現実の大人の中にも「思い込みの強い人」はいて，ふと思いついたことを，「～かな」とか「～らしい」で止めずに，すぐ「～である」と確信してしまう．上の例のように好意的な思い込みならけっこうなことであるし，まあ「そそっかしい」という程度なら許されもしようが，しょっちゅうでしかも悪意が交じってく

ると，まわりはたいへんである．重症の人ほど自分では気が付かず，反省もしないようで，しまつが悪い．

　私は以前から，「～らしい」と「～である」の区別，もっといえばその間の距離感覚を身につけていることが，「知性ある人」の条件ではないか，と思っている．そういう基準からすると，思い込みの強すぎる人は，たとえ学歴はあっても「知性がない」ということになる．しかしこれを教室で教えるのはなかなかむずかしく，うっかりすると繊細な学生さんを傷つけることになりかねない．そこで教師として安全にできることは，古代ギリシャ人の知性について語ることである．彼らは「～らしい」と「～である」の距離について，実に鋭い感覚をもっていた．

　この点は，本書の内容と深くかかわることなので，少し詳しく述べさせていただきたい．まずはギリシャ最初期の数学の簡単な紹介から始めて，幾何学において典型的に開花した，ギリシャ人の知性の特徴を観察してみよう．

1.2　根拠を問う

　エーゲ海周辺にギリシャ人達が都市国家（ポリス）をやっと形成しはじめた紀元前8世紀頃，エジプトはすでに2000年以上もの歴史をもつ専制王国であった（図1.1）．バビロニアも，アッカド王朝の建設が紀元前2300年頃のことで，やはりすでに高度の技術と文化を誇っていた．だからギリシャ7賢人のひとりタレスはエジプトに長いこと滞在しているし，「ピタゴラスの定理」（三平方の定理，図1.

2)で有名なピタゴラスも,エジプトやバビロニアを訪れ,さらに「インドまで足をのばした」という説もある.こうして彼らは進んだ知識を故国に持ち帰ったが,これはずっと後(おもに7世紀)に,日本から中国に遣隋使や遣唐使などが派遣された頃と似たような時代背景にあった,と思

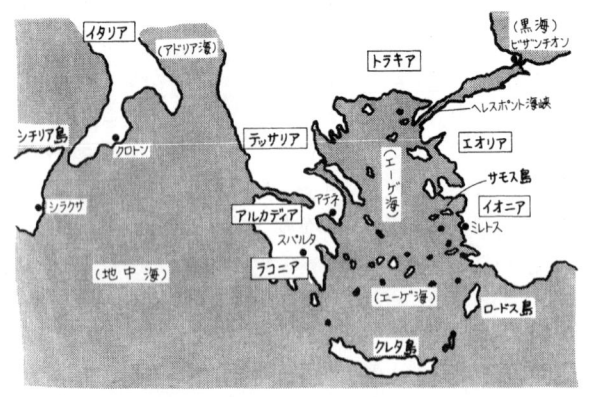

図1.1　昔々の地中海世界

　これは紀元前5世紀,アレキサンダー大王が活躍した頃の地中海世界で,南にエジプト,その西にリビアがあった.ポリスの形成以前には,紀元前16世紀頃にミュケナイ文明という高度の青銅器文明があって,ギリシャ本土の何カ所かに王宮ができていた.これはなぜか紀元前12世紀頃に崩壊して,紀元前8世紀頃まで続くギリシャ史上の暗黒時代に入る.

　その後,力をつけたヘラス(Hellas,ギリシャ本土に限らずギリシャ語を話す地方)の人々は,紀元前480年頃に東からのペルシャ,西からのカルタゴの攻撃を撃退し,「ギリシャ語を話さない野蛮人どもは専制君主をあがめる奴隷,我らポリスの人間は自由人中の自由人」という誇りをもっていたという.

われる．

　タレス（Thales, 前624?-前546?）はエーゲ海の東側, イオニアの港町ミレトスに生まれ, 紀元前580年頃活躍した人である. 現在一般には哲学者として知られているが, 実際には商人としても政治家としても活躍し, 幾何学, 天文学, 地誌, 土木技術などについてもすぐれた知識をもっていた. ここでは特に幾何学を取り上げると, 次のような事柄を「発見」,「言明」あるいは「証明」したという伝説が残っている.

(1) 円周は直径によって2等分される．(図1.3a)
(2) 2等辺3角形の両底角は等しい．(図1.3b)
(3) 2直線が交わるとき, その対頂角は等しい．(図1.3c)

ほかにもあるが, どれも図から明らかで, おそらくエジプトの学者たちも知っていたであろう. だから「発見」というのは少し言い過ぎではないか, と思われる.

　事実はどうだったのだろうか. タレスはただ, エジプトで学んできたことを伝えただけで, 伝説はあとで作られたものかもしれない. しかしこういう明らかなことを, エジプト人たちは「知っていて利用もした」が, 注目に値する事柄として言明する必要は感じていなかったかもしれない. 一方タレスは自然の成り立ちについて, 神話や権威を楯にして結論を押しつけるのではなく, 根拠を問い, 合理的な説明を与えようとした人であった. だから彼が, エジプトの権威によって結論を押しつけるのを避け, 誰にもわ

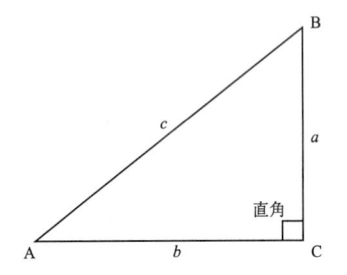

図 1.2 ピタゴラスの定理（三平方の定理）

　直角とは直線を 2 等分した角, つまり (現代の言葉でいえば) 90°のことである. さて, ピタゴラスの主張は次のとおりである——おヒマのある方は, なるべく測ってたしかめていただきたい.

「辺 AC, BC が挟む角が直角ならば $AC^2+BC^2 = AB^2$ が成り立つ」. なお, その逆「$AC^2+BC^2 = AB^2$ ならば角 C は直角である」も成り立つ.

　$x^2+y^2 = z^2$ をみたす自然数 x, y, z はピタゴラス数と呼ばれ, 古くから 3, 4, 5 とか 5, 12, 13 などが知られていた.

かるような根拠を示そうと努力したことは十分に考えられる. 自由な海洋国民であるギリシャ人を説得するには, 権威は役に立たなかったためでもあろうか.

　ついでながらタレスは「万物は水から成る」という説を唱えた, といわれている. これは奇妙な説で, 私は高校の世界史でこれを習ったとき,「へえー, ずいぶんくだらないことをいう人がいるものだ」と思った. ヘシオドス (Hesiodos, 前 8 世紀) の語るギリシャ神話ではまずカオス (渾沌), それからガイア (大地) とタルタロス (奈落) が生じ, さらに「一切の生成の根源力」であるエロス (愛

(a) 円周と直径

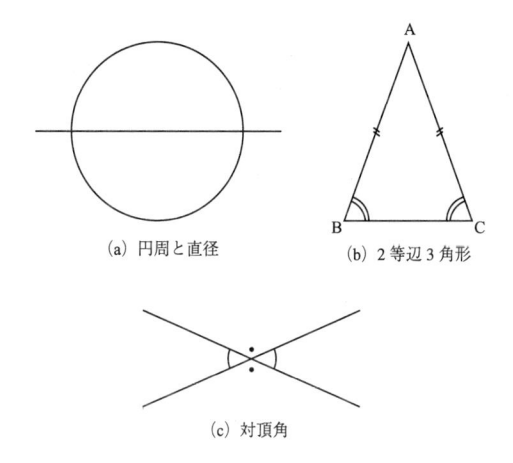

(b) 2 等辺 3 角形

(c) 対頂角

図 1.3　タレスの証明
　(b) AB ＝ AC のとき，点 A を上に描けば，辺 BC は「底辺」になり，角 B,C は「底角」になる．(2) は「それらが等しい」というのである．(c) 2 つの直線が交わるとき，交点を挟んで向かいあう 2 つの角を「対頂角」という．この図では左右の 2 つ（弧で示す）が対頂角で，上下の 2 つ（・で示す）も対頂角である．

欲）が生じたことになっているが，こちらの方が話としてはおもしろく，また自然であるようにも思えた．そういえば以前，授業でタレスの説を紹介したあとで学生さんに感想を書いてもらったら，複数人から次のような質問が出たのでおかしかった．

「万物って何ですか」

（まさか本気で「すべてが水から」なんて思ってるんじゃないでしょうね）

しかしタレスは何とも確かめようがない，遠い遠い昔の話をしているのではなかった．「いま私たちの目の前にあるもの」がどのようにできているかを問題にして，弟子たちと討議を始めたのである．そこで最初に提出されたのが，「すべてのものは水から生成され，やがてまた水に還る」という仮説であった．弟子たちがこの説をありがたくノートに書き写し，丸暗記するだけだったら，きっとそれっきり忘れ去られたであろうが，幸いそうはならなかった．

> 「（弟子たちは）タレスの主張を権威として受けつぐよりも，むしろタレスの答えようとした問題そのものを引き受けて，果たして万物は水より生じ，水に還ると言えるかどうかを考えた」（田中美知太郎『西洋古代哲学史』弘文堂より，字句を微修正して引用）

　そこから自由な議論が始まり，「水だけだとすると，どうして火ができるのだろうか」など，わいわいやっているうちに，火・水・風・土のいわゆる「4元」説や原子論，さらには地動説まで現れて，後の科学にもつながっていったのだからおもしろい．「くだらない」とはとんでもない誤解であった．およそ200年後のアリストテレスが哲学の歴史の叙述をタレスから始めたのは，「水」起源説それ自体の価値ではなく，万物の成り立ちを
　　　　問題として取り上げた

ことの重要性を認めたためであったろう．

タレスの「証明」とは，たとえば (2)（図 1.3 b）については

　　　「裏返せば重なる」

という程度の，直観的な証明であったらしい．しかしこれがはじめての証明であったことは，どうやら間違いなさそうである．エジプト人やバビロニア人は，実用的な知識を山ほど持ちながら，なぜか証明には関心がなかった．だからたとえば円周率 π について，

$$3, \quad \left(\frac{16}{9}\right)^2 = 3.1604\cdots, \quad \sqrt{10} = 3.1622\cdots$$

のどれかを平気で使い，実用上それで困ることもなかったから，「正しい値は？」などとは考えなかったようである．厳密な議論によって

$$3\frac{10}{71} < \pi < 3\frac{1}{7},$$

小数で表せば

$$3.1408\cdots < \pi < 3.1428\cdots$$

を証明したのはおよそ 250 年後のギリシャの天才，アルキメデス（Archimedes, 前 287 ?-前 212 ?）であった．

ピタゴラス（正しくはピュタゴラス Pythagoras, 前 560 ?-前 480 ?）はサモス島の豊かな印章彫り師の子で，世界各地を遍歴し，その博学多才は当時の人々を驚かせていた．幾何学，数論，音楽理論に貢献したほか，神妙不可思議な面もあり，60 歳頃，南イタリアのクロトンに宗教的教

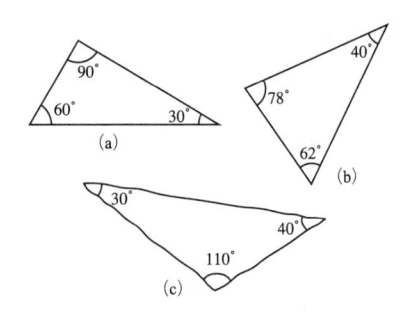

図 1.4　いろいろな 3 角形

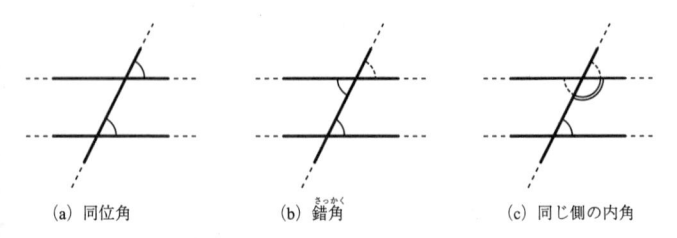

(a) 同位角　　　(b) 錯角　　　(c) 同じ側の内角

図 1.5　平行線の性質

平行な 2 直線と，それらと交わる第 3 の直線を考える．

(a)　第 3 の直線 L の同じ側で，平行 2 直線それぞれの同じ側（この例では右，上）にできる 2 つの角を，同位角という．同位角は，平行にずらせば重なるので，明らかに等しい．

(b)　平行線の内側で，直線 L の反対側にできる 2 つの角を錯角という．その一方を対頂角におきかえると同位角になるから，錯角も等しい．

(c)　平行線の内側で，直線 L の同じ側にできる内角（同傍内角）の和は，180°（2 直角）になる——なぜでしょう？

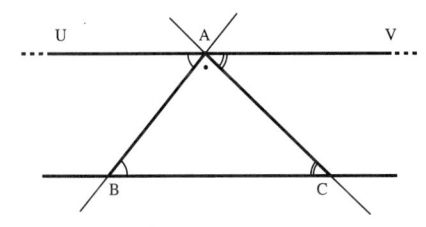

図 1.6　3 角形の内角の和
　3 角形 ABC に対し，点 A を通り，BC と平行な直線 UV をひいてみる．すると図のように，3 つの内角をあわせた角が，直線 U-A-V の下半分に一致する．だからそれらの和は，ちょうど 180°（2 直角）に等しい．わざわざ測ってみるまでもない！

団を創設して，弟子たちを教育した．
　幾何学については，彼はたとえば
　(4)　3 角形の内角の和は 2 直角（180°）である（図 1.4）ことをはじめて一般的に証明した，といわれている．これも結論自体は，もっと古くからわかっていたと思われるので，彼の貢献はやはり「証明した」ことしかない．しかしその証明は，タレスの場合ほど簡単ではなかった．まず平行線の性質として重要な
　(5)　錯角は等しい．（図 1.5 b）
という知識が必要で，その上で，図 1.6 のような証明が行われたのである．
　性質 (5) は，証明などするまでもなく「ひと目でわかる」，「明らか」といってもいい．また図 1.6 の証明も明らかな基本的事実の積み重ねではあるが，性質 (4) がどんな

3角形にもあてはまることは,「はじめから明らか」とはとてもいえないであろう. これは一般的・論理的な証明のよい例であると思う.

ところで例の「ピタゴラスの定理」はどうなのだろうか. ピタゴラスはこの定理を発見したときにたいそう喜んで,「牛100頭を神殿に捧げて祝った」[1]という伝説がある. しかしはっきりした証拠はなく,「何を捧げたか」についても「何のために捧げたのか」についても異説がある. またおよそ1000年後の哲学者プロクロス (410?-485) は, そのような伝説があることを認めながら, 次のような意味のことを述べている.

> 「しかし私としては, その定理が真であることを最初に観察した〈人びと〉を称賛するとともに, それにもまして (ピタゴラスの仕事に) 驚歎する. それはかれがその定理を一般化し, 最も明澄な論証によって確認したからである」(T. L. ヒース『ギリシア数学史I』平田寛訳, 共立全書, 78ページから, 字句を勝手に修正して引用)

---

1) 牛や羊など貴重な家畜, あるいは狩の獲物を神に捧げて祝うのは, 狩猟・牧畜民族の間に古くからある習慣で,「殺して内臓を神に捧げ, 肉は人間がありがたく食べてしまう」のだそうである. しかし「牛100頭」とは大変な規模で, 王侯貴族でないと許されなかったともいわれる. ピタゴラスは教祖様であったからできたのだろうか.

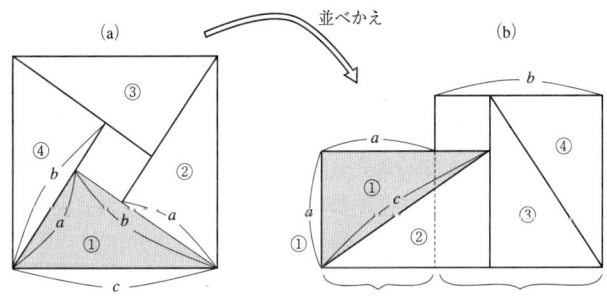

図 1.7 ピタゴラスの定理の証明

図①のような直角 3 角形を考え，$a = \mathrm{BC}$，$b = \mathrm{AC}$，$c = \mathrm{AB}$ とおく．かりに $a < b$ であるとする．さて，1 辺の長さが c の正方形 (a) からは，この直角 3 角形が 4 つ切りとれて，1 辺が $b-a$ の正方形が残る．それを (b) のように並べかえると，2 つの正方形ができる．並べかえても面積は変わらないから，$c^2 = a^2 + b^2$．

これは 12 世紀インドの天文学者・数学者バースカラ（Bhāskara, 1114-?）の証明である．ピタゴラス自身の証明はわかっていないが，現在ではまったく異なる証明が数多く知られている．

ピタゴラスがこの事柄を「一般的な定理として，はじめて論理的に証明した」ことは確かであるが，それ以上のことはプロクロスにもわからなかった！

1.3 理想化する

さっき述べた「論理的証明」とは，ギリシャ人のいう「原理（アルケー）からの導出」であって，「よく知られている事実を，ただそのものとして受け入れるのではなく，より

いっそう基本的な一般原理にまで還元し，そこからそれを証明する」（伊東俊太郎）ということである．これはその後，驚くべき事実の証明にも発展してゆくのだけれど，それにはまだ何百年かが必要であった．その理由は，ピタゴラスといえども素朴な先入観にとらわれていたこと，またそれ以上に，タレスが始めた「問題として取り上げ，根拠を問う」議論によって，意外な難問がつぎつぎと現れ出たことである．

　ピタゴラスにとって，「点」とはごく小さな粒であり，世界は数多くの「点」から成り立っていたようである．ついでながらこれは現代でも，多くの人が素朴に思っていることでもある．だから線（直線の一部分，線分）の長さは，基本的にはその中の点（粒子，有限個）の個数によって決まり，2つの線分の長さの比はかならず整数比になる．特にハープのような楽器の場合は，その弦の長さの整数比が大きな意味を持っている．ふたつの弦の長さの比が2対1であれば，それぞれの弦が奏でる音の高さの差は，ちょうど1オクターブになる[2]．弦の長さの比が3対2であれば高さの差は完全5度（ドとソの間隔），4対3であれば完全4度（ドとファの間隔）と，簡単な整数比であれば美しい和

---

2) ただし2本の弦は同じ材質・同じ太さで，しかも同じ強さで張ってあるとする．なお1本の弦でも，途中をおさえると音が高くなるが，「鳴っている部分の長さ」と「出た音の高さ」について本文で述べたことが成り立つ（弦の鳴っている部分の長さと基本振動数は反比例する）．

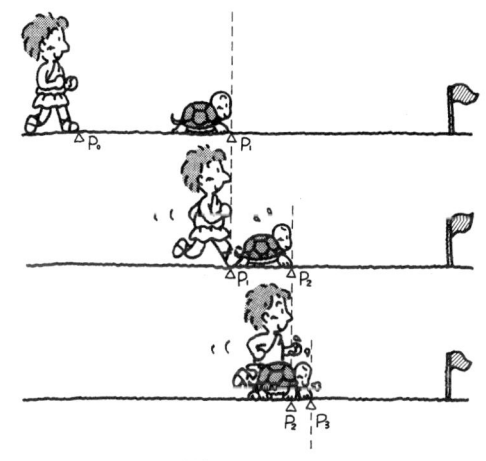

図1.8 アキレスとカメの競争

英雄アキレスは足が速いことでも有名であった．カメは足が遅いから，少しハンデをつけて，アキレスの位置 P_0 より少し前の点 P_1 にいる．そして同時に出発すると，どうなるだろうか？

カメは遅いけれど，決して休まず，つねに前進し続ける．だからアキレスが疾風のように，カメの最初の位置 P_1 まで来たとき，カメ（の鼻の先端）はその少しさきの点 P_2 に到達している．そしてアキレスがその点 P_2 まで来たときには，カメはさらに少しさきの点 P_3 に達している．アキレスが点 P_2 から点 P_3 まで進んだとき，それはほんのわずかの時間であろうが，カメは休まず前進して，新しい点 P_4 に到達している……

このように，アキレスといえどもある距離を時間ゼロで進むことはできず，カメが決して休むことなく前進し続けるとすれば，アキレスがカメに追いつくまでに，$P_1, P_2, P_3, P_4, \cdots$ 等々の無限の点を通過しなければならない．

さて，「点」が非常に小さいけれどある大きさをもつ「粒」であると仮定しよう．すると，「無限の点を通過する」とは無限の距離を走るこ

とであり、無限の時間を要するであろう。したがって、アキレスはカメに追いつくことができない！ しかし現実にはもちろん、アキレスはカメに追いつき、カンタンに抜き去るであろう。だからこの結論はまちがっている。一方、ゼノンが考案したという上の論法は隙がなく、もっともにも思える。そこでこれをゼノンの「アキレスとカメのパラドックス」という。

ゼノン自身はどう思っていたのだろうか。彼はその師パルメニデスの「万物は一体で、分割できない」という説を守るために、「線が点に分割できる」というピタゴラスたちの主張を打ち破ろうとしたのである。実はゼノンたちは「運動そのものを否定しようとした」という説もあるので話がややこしいのだけれど、私が賛成できる部分だけ抜き出して解説すると、次のようになる。

「そう、アキレスはカメを抜き去るでしょう。だから、さっきの結論は誤っています。しかし、どうしてそんな誤りが発生したのでしょうか？ 私の議論の他の部分は正しいので、問題は点を『非常に小さいけれどある大きさをもつ粒』と仮定したところにあります。だからこの仮定は誤りです」

このように「あること（P）を仮定して、矛盾を導き、そのこと（P）が誤りであると結論する」論法を背理法という。

私にいわせれば、本当の結論は「点を大きさのある粒と考えることはできない」ということであった。「背理法」という枠組みが抜けおちて、矛盾を導くところだけが広まってしまったため、ゼノンといえば「詭弁の大家」のように思われているけれど、実は鋭い問題意識と論理感覚をもった、すぐれた哲学者であった、と私は思う。

音が鳴り響く。「万物は数である」というピタゴラスの標語には、これらのことが背景にあると思われる。

しかし線分が有限個の点から成るとすると、奇妙なことが起こる。「足の速いアキレスが、少し前をゆくカメに、どうしても追いつけない」というゼノンのパラドックス（図

1.8) を，どう考えればいいのだろうか．ゼノン（エレアのゼノン Zenon, 前 490?-前 429?）とその師パルメニデスの議論は強力で，彼らの議論を打ち破るのは，至難の業であった．

またほかならぬ「ピタゴラスの定理」からも，困ったことが出てきた．図１９のような３角形の底辺 AC と斜辺 AB の長さの比は，現代の記法で書けば１対 $\sqrt{2}$ であって，$\sqrt{2}$ は無理数であるから，これは

　　　整数の比では絶対に表せない

ことが証明されてしまったのである．だから後世の歴史家は「ピタゴラスは無理数を発見した」などというけれど，ピタゴラス自身は「そんなものは発見したくなかった」ので，弟子たちに口止めをしたとか，それを破った弟子はバチがあたって船で遭難したとかいう伝説が残されている．証明などにわずらわされなかったバビロニアの人々は，こんなことに悩むことはなかったし，そもそもそんな事実に気が付くこともなかったであろうに，皮肉なことではある．

幸いなことにギリシャ人たちは，これくらいのことではマイらなかった．

　　　位置だけあって大きさのない点

という，理想的な存在を考える人々が現れたのである．もちろん大きさのない物質は存在しないから，「大きさのない点」は物質ではありえない．それは物質の容れものとしての空間の，ひとつの位置のことである，と考えるとよい．

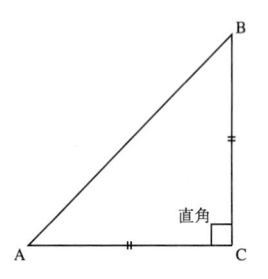

図 1.9

$AC = BC$ であるような直角3角形(直角2等辺3角形)を考える.するとピタゴラスの定理から
$$AB^2 = AC^2 + BC^2 = 2AC^2,$$
いいかえれば,
$$\left(\frac{AB}{AC}\right)^2 = 2$$
が成りたつ.

ここで長さの比 AB/AC が整数の比 m/n で表せると仮定すると,
$$\left(\frac{m}{n}\right)^2 = 2, \quad あるいは \quad m^2 = 2n^2 \quad (1)$$
となる.ここで「m と n は共通因数をもたない」としてよい(もしあったら,約分してしまえばよい).さて式 (1) の右辺は偶数であるから,m も偶数で,$m = 2m'$ とおくことができる.これを (1) に代入すると
$$4m'^2 = 2n^2 \quad すなわち \quad 2m'^2 = n^2$$
となり,左辺は偶数,したがって n も偶数でなければならない.これは「m と n は共通因数をもたない」(約分しておく)という約束に反する.

なぜこのような矛盾が出たのであろうか.議論の他の部分は正しいので,問題は「長さの比 AB/AC が整数の比 m/n で表せる」という仮定にある.すなわち,この仮定は誤りである.結論:この図の3角形の,斜辺と底辺の長さの比 AB/AC は,整数の比では絶対に表すことができない.

ここでは深入りできないが，そのように考えれば，ゼノンのパラドックスは一応回避することができる．

大胆な理想化はまだ続く．位置としての「点」とあわせて，

　　　　長さだけあって幅のない線

も提案された．そして哲学者プラトン (Platon，前 428-前 348?) などは「理想化された点や線こそが真の実在である」と考えた．

もちろん現実には，「幅のない線」など描くことはできない．図 1.4 の 3 角形の各辺も，よくよく見れば幅がある．同図 (c) の手書きの 3 角形にいたっては，なおさらである．だからたとえば「30 度」などといっても，厳密にいえば「だいたい 30 度」ということにすぎない．測定には誤差がつきものなので，数学的な正確さをもって何なに度と断定することは，まず不可能であろう．

それでは

　　　（理想的な）3 角形の内角の和は 2 直角である

などということが，どうして役に立つのだろうか．内角の和の「標準」を明らかにすることにおいて，役に立つ．実際，現実の 3 角形について「内角の和はだいたい 2 直角である」ことがわかるではないか．「だいたい」の程度は，現実の 3 角形が理想の 3 角形からどれくらいズレているかによって違う．図 1.4 (c) だと「1～2 度のズレはあるかもしれない」が，同図 (a) なら「かなり正確に 2 直角になる」といってよいであろう．設計や測量の専門家なら，ズレの

図 1.10　眼で見る"幅のない"線
　しっかりした紙にカミソリでまっすぐな切れめを入れ，ピンとのばしてスキマをなくせば，「切れめ」には幅がない!?——切らなくても，「この紙の境界線には幅がない」と見てくれる人もいる．なお『原論』の定義によれば「面の端は線」である．

程度をもっと定量的にいえることと思う．
　そうはいっても「わかりにくい，何かイメージがほしい」という人は多い．そういう人に私がおすすめしているのは，カミソリの切り口を思い浮べることである (図1.10)．紙のまん中へんをカミソリで切り，両端を手でおさえて切り口がぴったり合うようにすれば，幅のない線が見える!?[3)]

---

3)　しかしそれでも
　「そんなものを考えるのは，言葉の遊びにすぎない」
　という人がいる．大学で数学の授業を受けている学生さんたちの

1.3 理想化する

　理想化は「点」の大きさや「直線」の幅だけではない．ある人々は，話を簡単にするために
　　　　直線はいくらでも延長できる
と仮定した．これは「無限に広い空間」を認めることでもあるので，昔のギリシャ人にとっては論争の種であった．実際，「無限に広い」というのは非常に考えにくいことであったので，古代人が想像して描いた世界はいつも高い山や大きな滝で限られた，有限の世界であった．「はるか彼方」ならある程度考えられても，「果てしなく続いている世界」などは想像を絶するものであったろう．

　それでも，そんな世界を想像する人が現れた．想像してみると，これがなかなか便利なのである．たとえば図 1.11 のような 2 直線を考えていただきたい．これらは，ずっと右の方で，いつかは交わるのだろうか？

　世界が有限だとすると，これはなかなかむずかしい問題である．もしも世界が十分に広ければ，交わる……のだけれど，その前に 2 直線がどちらも，世界の果てに達してし

　中にもいた．そういう学生さんに，私はよく次のような質問をする．
　「あなたは家からこの教室まで，歩いてきましたか？」
　もし電車や自動車などの乗り物を利用したのならその人は，その乗り物の設計に使われたに違いない数学の恩恵にあずかっている．そして数学の中では，大きさのない点や幅のない直線が使われている．こんなに役に立つものを，「言葉の遊び」といっていいのだろうか？

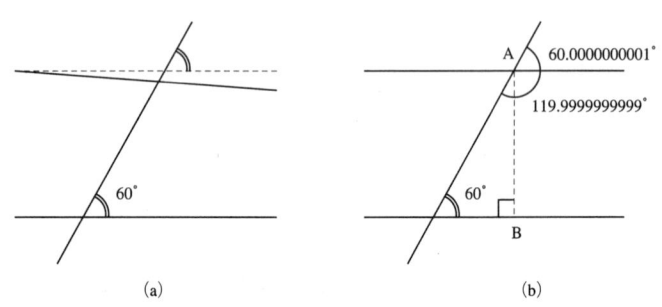

図 1.11 本当に交わるか？
(a) のように見てわかるくらい上側の直線が右下りにズレていれば、「いつかは右の方で交わる」と思える。しかし肉眼ではわからないくらいわずかな「右下り」だと、どうだろうか？（計算に強い方は、AB の長さが 2 センチだとして、A から右側の交点 P までのおよその長さを計算してみてください）

まうかもしれない．もし交わるとしたら，いったいどれくらいの遠方になるか，計算してみるのもちょっとした問題である．しかし無限の世界では話は簡単，これらはかならず交わる．「もし」も「れば」もなく，計算などするまでもない．

それにしても，行ったこともない世界の彼方が「無限に続いている」などというのは，タレスの「根拠を問う」精神に反するのではなかろうか．「無限に続く」どころか，実は「無限に，同じように続く」空間でないと困るのである．どんな直線でも，はるか彼方にぽっかりと口をあけている大きな穴（ブラックホール？）に結局は吸い込まれてしま

うような世界では，何が起こるかわかったものではない．そこで慎重な人は，このような理想化を「仮定」と考えた．「大きさのない点」にしても「無限に広い空間」にしても，「仮定」ならばそれについての議論を続けてもよいし，それは棚上げにして，そこから先の議論を始めることもできる．これはうまい知恵であって，根拠を問うだけでは行き詰まってしまった理論に新しい突破口を開き，豊かな実りをもたらしてくれたのであった．実際，紀元前3世紀後半にまとめられた「円錐曲線論」（円・長円・放物線・双曲線の統一的な理論）などは，理想化なしにはとうてい創造できなかったであろう，と私は思う．

ここで私は次の言葉を思い出す．

> 「画面の中心あたりに黄色があったら，離れた所にも黄色が欲しくなります．こうなると，実際にはなくとも黄色の木を知らぬまに描いてしまいます．こうして（中略）自分の都合のいい絵にするわけです」（安野光雅『風景画を描く』日本放送出版協会，41ページ）

手慣れた身の回りの世界を空間として認識し，しかもその空間を離れたところにも延長することによって，無限に広い均質の空間を構想したギリシャ人は，便利さだけでなく，心のふるえをも感じたのではなかろうか．絵画の美しさにはくらべものにならないが，そこには一種の美しさを認めてもよい，と私は思う．

1.4 体系化する

　理想化を仮定として認め,「そこから先の議論」を始めてみると, ゼノンたちの論法（特にいわゆる背理法）はなかなか強力で, 役に立ってくれた. そして比較的短い期間に, 数多くの新しい結果が導きだされた. それらを集大成し, 体系化したのがユークリッドの『原論』で, そこで扱われている理想的空間は, 今ではユークリッド空間と呼ばれている.

　ユークリッド（エウクレイデス Eukleides, 前 330 ?-前 275 ?）個人については, 正確なことは何もわかっていない. およそ紀元前 300 年頃に活躍した人で, プロクロスによれば「プラトンの直弟子たちよりも若く, アルキメデスよりも年長であった」ということである. しかし彼が編纂した『原論』（ストイケイア Stoikeia, ラテン語では Elementa）はひじょうに有名で, 当時の類書はこれに圧倒されてすべて姿を消し, その後もながく古典として, 2000 年以上も読みつがれた.「聖書を除けば, ユークリッドほど多くの人に読まれ, 多くの国語に訳された書物はほかにあるまい」（ド・モルガン, イギリスの数学者, 1806-1871）とまでいわれている. アルキメデスより後のギリシャ人たちはユークリッドを, 名前で呼ばずに「『原論』の著者」と呼んだというから, 本人はうれしかったかどうか……

　ではなぜ『原論』が, このように高く評価されたのであろうか. その内容は幾何学と数論で, けっして読みやすい

本ではない．ユークリッドに幾何学を習ったエジプトの王様プトレマイオスⅠ世（前367 ?-前283）はやたらと面倒なので閉口して，「『原論』より手っ取りばやい近道はないのか」と尋ねた，という．ユークリッドのそのときの答「幾何学に王道なし」（王様むきの専用直線道路などありません！）は有名であるが，王様に同情する人の方があるいは多いかもしれない．しかし『原論』は，その内容の高さもさることながら，そのスタイルがすばらしく，理論的体系の模範と考えられてきた．そのスタイルとは，ひと口でいえば

> まず前提を明らかにし，それから一歩 歩，証明を進める

ということである．次に幾何学の場合について，最初の部分だけもう少し詳しく眺めておこう．

まず最初に「定義」として，次のような事柄が列挙される[4]．

定義1 点とは大きさのない位置のことである．

昔々の本には，カタカナでおごそかに
「点トハ位置ノミアッテ大キサナキモノナリ」
などと書いてあって，なかなか印象的であった．

---
4) 『ユークリッド原論』訳・解説／中村幸四郎・寺阪英孝・伊東俊太郎・池田美恵（共立出版）に基づく．なお表現はわかりやすいように，勝手に修正した．

定義2 線とは幅のない長さのことである．

このあと直線，面，平面，直角と垂線，鈍角，鋭角，円と中心，直径，等々の定義が続く．そして最後は「平行線」の定義である．

定義23 平行線とは，同一の平面上にあって，どちらの側にどこまで延長しても，けっして交わらない直線のことである．

次に，あとの議論の前提となる基本的な事柄が列挙される．最初の5つは幾何学的な前提であり，あとの5つは一般的な前提である．昔は前者を公準（postulate）と呼び，後者を公理（axiom）と呼んで区別していたが，今ではまとめて公理と呼ぶことが多いので，ここでも「公理」としておく．

公理1 任意の点から任意の点に，直線をひくことができる．
公理2 与えられた有限の直線を，どちらの側にもいくらでも延長できる．
公理3 任意の点を中心とする，任意の距離（半径）の円を描くことができる．
公理4 すべての直角は互いに等しい．

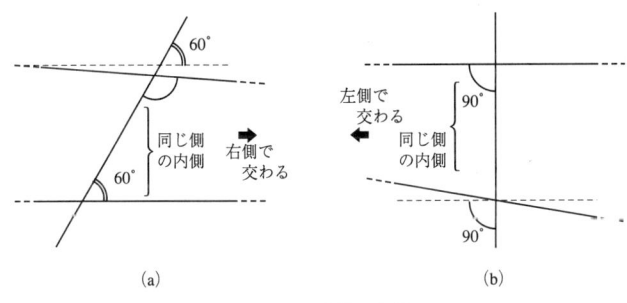

図 1.12　3 直線の交差

公理 5　ある直線が他の 2 直線に交わり，そのひとつの側の内角（図 1.12）の和が 2 直角より小さいとき，それらの 2 直線をその側に延長すると，いつかは交わる．

公理 6　同じものに等しいものは，互いに等しい．

これは，数値について現代ふうに記述すれば

　　　$a = c$　でしかも　$b = c$　ならば，$a = b$　である

ということである（長さや角度，図形などについても同じことがいえる）．

公理 7　等しいものに等しいものが加えられれば，得られる結果は等しい．

これはわかりにくい文であるが，上のような式で書けば

　　　$x = a$　でしかも　$y = b$
　　　ならば

$$x+y = a+b$$
というだけのことである．

公理8 等しいものから等しいものがひかれれば，残りは等しい．

これも式で書いておこう（図形的な応用は，42 ページの図 1.15 にある）．

$x = a$　でしかも　$y = b$
ならば
$$x-y = a-b$$

公理9 互いに重なり合うものは互いに等しい．

たとえば同じ半径の円は，どれも（形を変えずに移動させれば）ぴったり重なるから等しい——それらの面積は互いに等しく，それらの円周（重なる！）の長さも互いに等しい．

公理10 全体は部分より大きい．

たとえばある円の内側に6角形があるなら，
「その円の面積（全体）は内側の6角形の面積（部分）より大きい」
といえる（図 1.13）．

ずいぶん長くなってしまったが，以上でユークリッドの『原論』の「前提を明らかにする」段階の紹介を終わる．こ

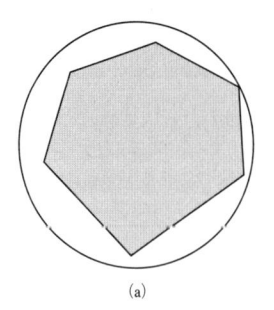

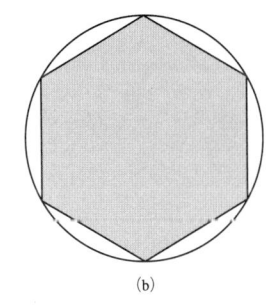

図 1.13　円とその内側の正 6 角形

　半径 r の円に内接する正 6 角形の面積は $\frac{3\sqrt{3}}{2}r^2$ で，これは円の面積 πr^2 より小さい．ここから $\pi > \frac{3\sqrt{3}}{2} = 2.598\cdots$ がわかる（内接する正 96 角形の面積を計算すると，$\pi > 3.1408\cdots$ が導かれる）．

のあと次のような調子で，論理的に導かれる事柄（定理）の記述とその証明が並ぶ．なお「定理」というのは現代の用語で，もとはただ番号つきの命題（proposition, 提案・叙述・言明）であった．

　定理 1　与えられた有限の直線の上に，等辺 3 角形（正 3 角形）を描くことができる．
　［証明］　略（図 1.14 参照）

　なおこの定理は，いまなら
　　「与えられた任意の有限直線を 1 辺とする，正 3 角形が存在する」

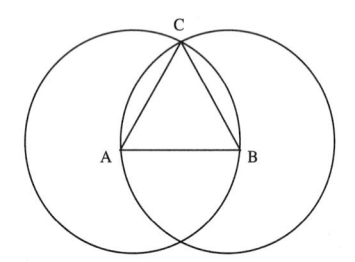

図 1.14 正 3 角形の作図

3 角形 ABC の辺 AB, AC の長さが等しいことを，ふつう AB = AC で表す．これが「等辺 3 角形である」とは，3 つの辺の長さがすべて互いに等しいこと，すなわち
$$AB = AC, \quad AC = BC, \quad BC = AB$$
であることをいう．そのような 3 角形は，実は 3 つの角も大きさが等しい（どれも 60°の）正 3 角形になるが，そのことの証明はあとで行われる．

さて『原論』の各定理はおよそ次のようなスタイルで書かれている．

［定理の言明］ 1. 与えられた有限の直線（線分）の上に，等辺 3 角形を作ることができる．

［定理の内容の具体的説明］ 与えられた線分を AB とする．AB 上に等辺 3 角形を作らなければならない．

［証明］ A を中心として半径 AB の円を描き，また B を中心として同じ半径 AB の円を描く．これらの交点 C に，点 A, B から線分 AC, BC をひく．

A は C, B を通る円の中心であるから，AC = AB．
B は C, A を通る円の中心であるから，BC = AB．
このように AC, BC はどちらも AB に等しい．ところが
「同じものに等しいものは，互いに等しい」（公理 6）
から，AC = BC．

［まとめ］ よって 3 角形 ABC は等辺である．しかも与えられた線分 AB の上に作られている．これが作図すべきものであった．

「直観を排除して，論理的に証明を行おう」という意図が，よく感じ取れると思う．

と書くのがふつうである．しかしユークリッドたちは，抽象的に「存在する」というのでは満足せず，具体的に「作れる」（作図できる）ことを要求した．そこで定理1が「描くことができる」という表現になり，そのために公理1も「直線が存在する」でなく「直線をひくことができる」と述べられていたわけである．

....

定理 15　もし2直線が交わるなら，対頂角は互いに等しい．

［証明］　略（図 1.15 参照）
....

定理 20　3角形の2辺の和は，他の1辺より大きい．

ていねいにいえば「3角形の2辺の長さの和は，他の1辺の長さより大きい」ということである（図 1.16）．

［証明］　略
....

定理 32　3角形の内角の和は2直角（180°）に等しい．

［証明］　略
....

定理はやさしいものから順に配列され，あとの定理の証明には，前にすでに証明されている定理が利用される．新しい話題に入るときに，いくつか定義が追加・挿入されることもある．

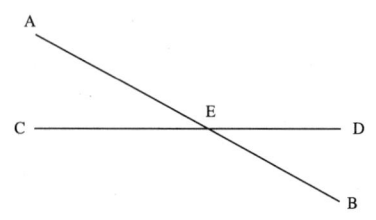

図 1.15 対頂角が等しいことの証明

直線 AE は直線 CD の上で角 AEC, AED を作るから，それらの和は 2 直角である．また直線 DE は直線 AB の上で角 AED, DEB を作るから，それらの和も 2 直角に等しい．したがって，角 AEC, AED の和は，角 AED, DEB の和に等しい．双方から角 AED を引け．そうすれば残りの角 AEC は残りの角 DEB に等しい（注．ここで公理 8 が役に立つ）．角 AED が角 CEB に等しいことも，同じように証明できる．

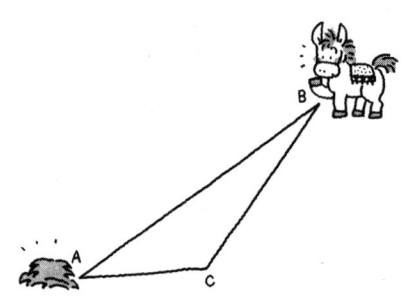

図 1.16 3 角形の辺の長さ

めざす地点まで「まっすぐ行くのが一番近い」とは，「ロバにもわかる経験法則」とか，「これだけは役に立つ幾何学の定理」などといわれるが，直線や距離の概念の定義にもかかわる，基本的な性質である．式で書けば：

$$AC+CB > AB$$

これを「3 角不等式」という．

1.4 体系化する

皆さんはどう思われるだろうか．

「あたりまえのことを，だらだら書き並べている」

と感じた人もおられるのではないだろうか．ユークリッドと同時代の,「快楽主義」の哲学者エピクロス (Epikouros, 前341-前271) の弟子たちは，

「定理20など証明しなくても，ロバでも知っている」

(ほしいエサのあるところまで，遠回りせずにまっすぐ歩いていく)

と公言していたという．また『原論』が日本に伝えられたのは1730年代，徳川吉宗の時代であったが，当時の日本の数学者たちは

「こんなわかりきったことを，なんでわざわざ，あらためて定義したり，証明したりする必要があるんだ」

と考えたらしく，完全に無視してしまった，という[5]．しかしすでに述べたように，ユークリッドたちにとっては定義も公理も仮定であって，決して明白なことではなかった．実際,「定義」をさす古い言葉は「ヒュポテセイス」(英語のhypothesis) すなわち「仮定」であった．また公理1～10はアイテーマ（公準）あるいはアキシオーマ（公理）と呼ばれていたが，どちらも古くは

> 証明できないが，議論の出発点として使うことを要求する

---

5) 佐藤健一「証明しながら後ろ向きに解くのでなく，ひらめきで前向きに解く和算」，東芝広報室『ゑれきてる』第55号，16ページより．

こと，すなわち「要請」という意味であったという[6]．だから定理15（対頂角は等しい）や定理20（3角形の2辺の和は他の1辺より大きい）も，見たところ「まあ，そうらしい」からといって「そうだ，そのとおりである」とは断定しないで，公理に基づいて，ていねいに証明している．現代数学者の端くれである私の眼から見ても，あきれるくらい慎重で，ほとんど感動的でさえある．

ところが慣れというのは恐ろしいもので，定義や公理がしだいに「あたりまえ」と思われるようになり，やがて（プロクロスの頃すでに）

> 誰もが認める，自明な前提

と考えられるようになった．国語辞典でも「公理」とは「一般に通じる道理」と説明されている．ついでながら，テレビで『宇宙戦艦ヤマト』などを見ている現代の子供たちには「無限に広い空間」など最初からアタリマエで，それ以外には考えようのないことかもしれない．そしてそうなってみると，定義・公理から「一歩一歩，証明を進める」というユークリッドのスタイルは，17世紀にフランスの哲学者デカルトが描いた壮大な夢

> 誰の眼にも明らかな事実から出発して，明晰・確実な学問を建設する

とぴったり重なる．これこそ近代科学の理念であるから，それ以来『原論』が「理論的体系の模範」として高く評価

---

6) 伊東俊太郎『ギリシア人の数学』講談社学術文庫，196ページ，205ページおよび214ページ参照．

されたのも当然のことである．

デカルト (R. Descartes, 1596-1650) の名前が出たついでに，幾何学に対する彼の重要な貢献にも触れておこう．それはいわゆる「座標」の考えである（『幾何学試論』1637）．

平面上の点の位置は，タテ方向の位置とヨコ方向の位置を指定すればきまる．京都市内で住所を「四条河原町」とか「丸太町通堀川西入る」などといったり，世界地図の上で「ウィーンは北緯 48.3 度，東経 16.3 度」というのも同じような考え方である．ついでにいうと札幌は北緯約 43 度，稚内が北緯 45.4 度で，ロンドンは北緯 51.5 度，デカルトが風邪をひいて死んだストックホルムは北緯 60 度に近い．

タテとヨコの位置は，基準になる線（いわゆる座標軸）と距離の単位をきめれば，数値で表される．たとえば図 1.17 の点 P は

$$(3, 4)$$

という数の組によって表され，これを点 P の座標という．また同じ図の直線 L について，その上の点の座標 (x, y) を考えると，x と y の間には

$$y = 2x - 2$$

という関係がある．どんな直線も，その上の点の座標はこのような 1 次方程式をみたす．だから 2 つの直線の交点（の座標）を求める問題は，連立 1 次方程式に帰着される（同じような考え方で，円錐曲線論は 2 次方程式の理論に翻訳できる）．こうして図形を

図1.17 点と座標

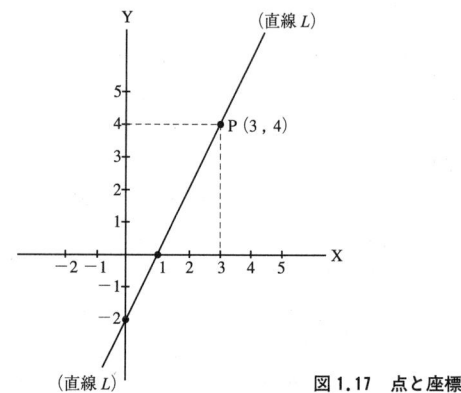

　　数値の間の関係

として表し，代数学の手法で取り扱う道が開けた．

　そんなふうに幾何学の問題を数値の関係に翻訳して扱うのが，解析幾何学である．デカルトが亡くなったときまだ8歳だったイギリスの科学者ニュートンは，のちに解析幾何学を駆使して彼の有名な「ニュートン力学」(1687)を建設した——ユークリッド空間の中での物体の運動を，「座標」を通じてある種の方程式（いわゆる微分方程式）で表現し，その方程式によって天体の運行を理論的に説明してみせたのであった[7]．

---

7) ドイツの天文学者ケプラー (J. Kepler, 1571-1630) が膨大な観測データから帰納的に発見した，惑星の運動についての3つの法則は，ニュートンの方程式から論理的に導かれる．ニュートンの

1.4 体系化する

　実はニュートン（Sir Isaac Newton, 1642-1727）は，最初はユークリッドの『原論』を「つまらない本だ」と思っていたらしい．しかし師のバーローの忠告に従って読みなおして，「そこから大きな利益が得られた」といっている．おもしろいことに，ユークリッドたちの大胆な理想化が，現実の世界に驚くほどよくあてはまり，役に立ってくれたのである．そのため『原論』の内容が，いつしか

　　　我々が住む世界についての，万古不滅の絶対的真理

とみなされるようになった．のちにドイツの哲学者カント（I. Kant, 1724-1804）は，ユークリッド空間を

　　　経験によらない，我々がものごとを認識するときの
　　　必然的な形式

と考えていたようである．

　ところで最近の自然科学の書物は，10年もたてば内容が古くなり，30年以上も読み続けられる本はそう多くない．それを思うと2000年を超える寿命を保ち，しかも評価がますます高まったユークリッドの『原論』は，まさに空前絶後の本である．ただその理由としては，そのスタイルだけでなく，内容の高さも強調しなければならない．もっと前に述べるべきことだったかもしれないが，『原論』は「あ

　方程式は未来の予測にも使えるので，ハレー彗星がいつ現れるかも「計算で予言できる」ようになった．なお数値の間の関係を「グラフを描いてみる」など図形的・視覚的に表現すると，直観的な見通しを得やすくなることがある．本文とは逆に，代数学や解析学を幾何学に翻訳するわけである．これも解析幾何学のだいじな効用である．

たりまえのこと」から始めてしだいに高度な定理に進み，幾何学では円の面積や円錐・球の体積についての厳密な議論（たとえば円の面積とその直径の2乗の比が一定であることの証明），自然数の理論では「素数が無限に存在する」ことの証明まで行われている．これはエジプト，バビロニアが何千年もの歴史を通じて到達しえなかった境地であり，そこまでわずか300年ほどで到達したことを示すユークリッドの『原論』は，「ギリシャの奇跡」の記念碑，まさに金字塔である．

第2章
体系とその進化

「'数学の理論とは,数学的構造の理論である'ことを,はっきりいったのはブルバキですが,……(ブルバキ②は)その立場から実際に数学を根本的につくりなおすことをやっているのです.数学がこの線にそって整理されながら進歩してゆくのが,これからの数学の進む方向と思われます」
　　　　　　——彌永昌吉『数学のまなび方(改訂版)』
　　　　(ダイヤモンド社(1969),198〜200ページより)

　(注) ブルバキ　① C. D. S. Bourbaki (1816-1897):フランスの将軍.スイスのルツェルンに彼の戦争(プロイセンと戦い,敗れて退却)を描いた大パノラマがある.
　② N. Bourbaki:現代のユークリッドをめざして何巻もの大著『数学原論』(1939〜)を書いた,フランスの数学者集団のペンネーム.

2.1 定義の退化

「定義」にはよく考えてみると，ふしぎなところがある．「知らない言葉を知っている言葉で説明する」のが定義であるとすれば，何か知っている言葉がなければ，新しい言葉の定義はできない．それでは最初に習う言葉の定義は，どうすればいいのだろうか？

というわけで基本的な言葉ほど，厳密な意味での定義はむずかしくなる．「国語辞典では，すべての言葉を言葉で説明しているではないか」といわれるかもしれないが，少し注意して探すと，図による説明を使っている例や，次のような循環が起こっている例が見つかる（『新潮・現代国語辞典』1985）．

　　ちょくせん（直線）　まっすぐな線．
　　まっすぐ（真っ直ぐ）　完全に直線であること．

他にもある（同上）．

　　みぎ（右）　東に向かって南に当る方．
　　みなみ（南）　太陽の出る方角に向かった時の右の方角．

これでは「右」か「南」か，すくなくともどっちかを知っている人でなければ，結局何のことかわからない！

ユークリッドの『原論』の中の定義にも，いくつか問題がある．たとえば

定義 3　線の端は点である．

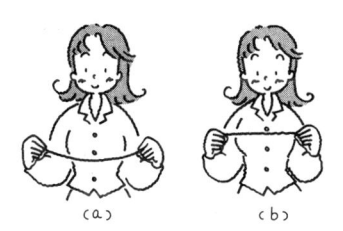

図 2.1 直線とは——ぴんと張った糸
たるみがある間は曲線（懸垂線 catenary）で，強くひっぱってたるみをなくせば，直線になる．

というのは，線・端・点の関係を述べている文であり，これら3つのどれの定義ともいえない（ユークリッドはこれを「仮定」ヒュポテセイスと呼んでいた，という）．だからこの定義3は，公理として扱ったほうがよい．また次のような直線の定義も，厳密な定義とはとてもいえない．

定義4 直線とはその上にある点について一様に横たわる線である．

これは直線というものを直観的に理解するための助けにしかならないので，あとの論理的な証明の中では，この定義はまったく使われていない．ついでにいうと，直観的な説明としても「一様に横たわる」ではわかりにくいので
　(A)　ぴんと張った糸のような線（図2.1）
というほうがいいように思う．なお2つの点を糸で結んだとき，たるみがあればひっぱってやると，糸は短くてすむ．

糸を強くひっぱれば，もっと短くなる．理想的にぴんと張られた糸は，2点間の最短コースになる．これは直観的にわかりやすい性質であるから，

　　　「直線とは2点間の最短コースである」
というのも悪くないかもしれない．

　プラトンのように
　(B)　どちらかの端から片目で見ると，1点に見えるような線

というのも気が利いている．またこれが(A)「ぴんと張った糸」に一致するのも，おもしろいことである．我々の視線，すなわち光の進路は，ぴんと張った糸に一致する．このことから我々は「光が最短経路を進む」と推定できる——というのが哲学者クワインの指摘であるが，彼は次のようなユーモラスな注意をつけ加えている．

　「あくびしている暇に，このような2つの単純でしかも全く異なる事象（註：(A)と(B)）がこれほどぴったり符合することに，素朴な驚きの感情を新たにしていただきたい」（W. V. クワイン『哲学事典』吉田夏彦・野崎昭弘訳，白揚社，174ページ）

　直観的な説明はまあ何とかなるとして，厳密な定義を与えるには，どうすればいいのだろうか．点・線・直線のような基本的な言葉については，どうやってもうまくいきそうもない．そこで「定義をあきらめる」，直観的な定義は削

除する——という考え方がある．またしても（得意の？）「棚上げ」である．開き直って「明らかである」という人もいるが，いずれにしても，定義しなかった基本的な言葉を「無定義術語」という．点や線のような名詞だけでなく，「点 P が線 L の上にある」，「ある角が他の角より大きい」というときの

　　　　「上にある」，　「より大きい」

などの語句（文法用語でいう**述語** predicate）も無定義術語として扱われる．

　もう少し積極的な，次のような説明もできる．あとの議論の根拠は，実は「公理系」にすべて述べられているはずなので，厳密な証明の中では直観的な定義や説明は要らない．論理的には「直線」とは，たとえば

公理 1　任意の点から任意の点へ，直線をひくことができる．

などなどの公理をすべてみたす「何か」であればよい．だからいわゆる「無定義術語」は，諸公理によって間接的に定義されているのである．

　もちろん初心者にとっては，「何か」ではわかった気になれず，そこで立往生してしまうかもしれない．プロの数学者でも，図形的な直観がまったく働かないのはつらいので，直観的な例や補助的な説明はやはりあったほうがよい．しかしそれらはあくまで理論を外から見た「解説」で

あって，定理とその証明の記述を目標とする理論体系の中におく必要はない．

残る定義も，表現を改めて公理に移すか，あるいは省略できる．たとえば

定義12 鋭角とは直角より小さい角である．

は，より基本的な言葉による「いいかえ」である．「鋭角」という言葉を使えば，いちいち「直角より小さい角」といわなくてもすむので，事柄をあっさり書けてよい．こういう定義は残しておかないと，ちょっとした定理が長たらしくなり，わかりにくくなってしまう．しかしそういう便利さとかわかりやすさを無視して，「同じ内容を書き表せるかどうか」だけについていえば，基本的な言葉にいいかえられる言葉は「なくてもよい」ともいえる．結局，少し極端ないいかたをすれば

　　　定義は，わかりやすさと便利さのためにあるので，
　　　公理さえきちんと与えてあれば，なくても原理的に
　　　はかまわない

ということである．

［付記］　脱線であるが，「厳密ではないがよくわかる」定義もある．よい例として，ファージョンによる「詩とは何か」の説明を見ていただこう．（E.ファージョン『詩』の一部）

詩って何？　わかる？
　　　バラでなくて，その香り．
　　　空でなくて，その光り．
　　　虫でなくて，その動き．
　　　海でなくて，その響き．

　それ自身が詩になっている，さいごまで読めば「なるほど」と思わされる文章である——続きは瀬田貞二『幼い子の文学』（中公新書）でお読みいただきたい．

2.2　公理系の精密化

　理論体系の出発点となる公理のリストを，公理系という．ユークリッドの公理系については，わかりやすくするための改良から，根本的改良ないしは批判まで含めて，昔からいろいろな議論があった．簡単な例をあげると，

　公理1　任意の点から任意の点に，直線をひくことができる．

は不十分であって，次のように強化しておかないといけない．

　公理1#　相異なる任意の2点に対し，それらを通る直線をひくことができる．しかもそれらを通る（無限）直線は，ひとつしかない．

　こうしておくと，次の性質（#）をきちんと証明できる．

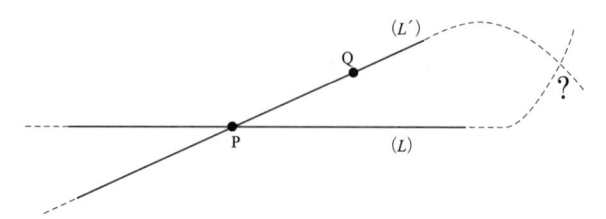

図 2.2　交差する直線

点 P で直線 L と交差する他の直線 L' は，伸ばせば伸ばすほどその下の直線 L からどんどん遠ざかるので，先の方で「L とまた交差する」ことは決してない．これは明らかであると思うが，ユークリッドの公理 1 には明記されておらず，『原論』の定理 16 の証明中に断りなく使われている．そして定理 16 はあとで述べる「平行線の一意存在定理」（本文 61 ページ）に使われているので，「平行線の一意存在定理の証明は不完全であった」ということになる（公理 1 を公理 1 # におきかえて，定理 16 の証明をほんの少し修正すれば，問題はなくなる）．

性質（#）　直線 L 上の点 P から，L 上にない別の点 Q に直線 L' をひいたとき，L' を Q 方向にどこまで延長しても，L とはけっして交わらない．（図 2.2）

この性質は，『原論』のある定理（定理 16）の証明の中で明らかな事実として使われていて，たしかに明らかであろうが，公理としては述べられていないし，公理 1（もとの形）〜公理 10 から導くこともできない．誰が最初に気が付いたのか知らないけれど，ずいぶん昔の教科書ですでにあとの形（公理 1 #）が使われていて，いまではそれが普通である．

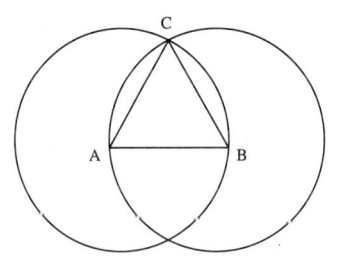

図 2.3　正 3 角形の作図法
40 ページ，図 1.14 参照．

　その後，このような「公理系の精密化」はしばらく忘れられていたが，19 世紀の末になってまた取り上げられた．そして，ついさっき述べた
　　　「公理系さえきちんと与えてあれば，定義はなくてもかまわない」
ということに，実は問題が残されているとわかった——定義がなくてもかまわないくらい
　　　公理系をきちんと与える
ことが，現代的なきびしい視点からみると，まるでできていなかったのである．

　実際，我々は「点」とか「直線」の直観的なイメージに頼ってものを考えるのに慣れているので，どんなイメージを利用しているかさえふだんは意識していない．いま取り上げた性質 (#) ばかりでなく，たとえば『原論』の最初の定理についても，証明中の次の部分に問題がある（図 2.3）．

Aを中心とする半径ABの円を描き，またBを中心とする同じ半径ABの円を描く．これらの円の交点のひとつをCとする．

　あとから描く円は，前の円の内部の点Aを通り，外部に出てゆく．だからその途中で，前の円と交差する——のは直観的には明らかであるが，そのことは公理としては明記されておらず，公理系から証明することもできない．

　そのように無意識的に使われている事柄に注目し，その中から基礎的なものを選び出して「公理として言明する」のは，パッシュ（M. Pasch, 1843-1930）やペアノ（G. Peano, 1858-1932）によっても行われていたが，有名になったのはヒルベルト（D. Hilbert, 1862-1943）の『幾何学基礎論』(1899)であった．これは彼が1898年から1899年にかけての冬学期に行った講義を92ページの小冊子にまとめたものであるが，わかりやすく簡潔に斬新な立場が解説されているため，発刊されてから数カ月のうちに「数学の世界でのベストセラーになった」（C. リード）ということである．

　ユークリッドによる点，直線，平面などの定義には補助的な意味しかないので，議論の根拠はすべて公理系になければならない．ヒルベルトの公理系によれば，幾何学的な直観をまったく使わずに論証を進めることができる．だから彼は「言葉は何でもよい」ので，

　　　「それらが点，直線，平面と呼ばれようと，机，椅子，

ジョッキと呼ばれようと，まったくさしつかえない」

といってのけた——逆にいえば「それくらい公理系をきちんと整備してみせた」ということである (90 ページ，「言葉は何でもよいか？」参照)．

　「言葉は何でもよい」とは，「言葉と意味を切り離す」ことである．

　　　相異なるふたつの○○を△△する□□は……
といったときの○○や△△は，公理系をみたす何かであればよく，それが実際に何であるかはどうでもいい．しかしそうはいっても，点のことを「机」とか「ネズミ」などと呼んで，たとえば

　　　相異なるふたつのネズミを捕らえるネコはただひとつである

などというと，ほとんど誰でもふつうの意味でのネコやネズミについて話しているものと思ってしまう．だから「ネコやネズミについての直観を捨てて，公理だけに基づいて推論を行なえ」といわれても，そのとおり実行できるのはよほど言葉遊びに慣れた人だけであろう．またプロの数学者にとっても，点とか直線の直観を利用したほうがはるかに考えやすい．そのことはヒルベルトもよく承知していたので，彼は『幾何学の基礎』の中では机ともジョッキともいわずに，昔ながらの点・平面などの言葉を使い，直観を助けるための図をたくさん使って説明を行っている．彼は数学者としての自分の経験から，

> 「素早い，無意識的な，絶対に確実とは必ずしもいえない」直観の重要性

をよく知っていた．幾何学的直観に頼らない公理系を組み立てるのは

> 論証の客観性・確実性を保証する

ためであって，「証明」はその公理系に基づいて記述される．しかし「記述する」以前に「どうすればうまく証明できるか」を考える段階では，直観やひらめきが大切なので，必ずしも論理的ではない図形的なイメージが役に立つことが多い．その段階で直観を利用することまで，排除すべきではない．

それにしてもカント，ヘーゲルもそうであるが，ドイツ人にはりっぱな本の著者が多い．フランス人にいわせると「ドイツ人は頭が悪い．だから世界一りっぱな本を書く」のだそうであるが，頭のよし悪しよりは性格であろう（フランス人の中にも世界一りっぱな本を書いたブルバキがいる……）．

2.3 公理系の進化

ユークリッドの公理系の中で，もっとも熱い議論が集中したのは次の公理である．

公理5 ある直線が他の2直線に交わり，そのひとつの側の内角の和が2直角より小さいとき，それらの2直線をその側に延長するといつかは交わる．

(平行線 L')

こちら側に延長すると，いつかは L と交わる．

こちら側に延長すると，L と交わる．

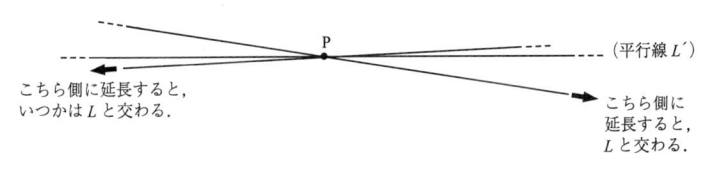

———————————————————— (L)

図 2.4 平行線の一意存在
 点 P を通り直線 L に平行な直線 L' は，いろいろな方法で作図できる．そして P を通る L' 以外の直線は，ほんのわずか傾けただけで，もとの直線 L とどちらかの側で交差してしまう．だから P を通る平行線は，必ず存在し，ひとつしかない．

 これは「ユークリッドの平行線公理」とも呼ばれるだいじな公理で，次の定理の証明に欠かすことができない．

 定理（平行線の一意存在） 直線 L と，その上にない点 P とが与えられたとき，P を通り直線 L に平行な直線（平行線）が，ただひとつ存在する．（図 2.4）
 （ていねいにいえば「存在し，しかもただひとつである」という意味である）

 しかし上の平行線公理（公理 5）は，他の公理にくらべて異常に長いし，明白さも劣る．そこで
 「これを，何か他のもっと簡単な前提から導くことはできないだろうか」
と考えた人が，昔から大勢いた．たとえば 18 世紀に活躍し

たイタリアの数学者サッケリ（G. Sacckeri, 本職はイエズス会の聖職者, 1667-1733）などが有名である．

次に，時代を少しさかのぼることになるが，その過程で起こった公理系の進化について解説をしておきたい．

平行線公理を使わないとしたら，かわりにどんな公理が考えられるだろうか．すぐ思いつくのは，上記の「平行線の一意存在」定理を公理として認めてしまう，という安直な方法である．そうするとあとの証明が楽になる部分があるし，この新しい公理からもとの平行線公理を導くこともできる．しかしそうしたところで「他の公理より長く，明白さも劣る」点は，あまり変わらない．

中には平行線公理のかわりに，次の前提をおいて議論を試みた人たちもいた．

前提（A） 直線 L と，その上にない点 P とが与えられたとき，P を通り L に平行な（すなわち，いくら延長しても決して交わらない）直線が，2つ以上存在する．

そんな無茶な……というのがその人たち（サッケリなど）のつけめで，こういう無茶な仮定からは，何か矛盾が出るだろう——と考えたのである．矛盾が出れば，「この前提は誤りである」とわかる．

（A）とは正反対の，次の前提を考えるのもおもしろい．

前提 (B) 直線 L と，その上にない点 P とが与えられたとき，P を通り L に平行な直線は，存在しない．

前提 (A), (B) がどちらも誤りであるとわかれば，正しいのは平行線の一意存在定理である．要するに背理法で，
「平行線公理なしに
　　平行線の一意存在定理（そこからさらに平行線公理）
　を証明してしまおう」
という大計画であった．

残念なことかおもしろいことというべきか，いくら議論を進めてみても矛盾は出てこなかった．そしてあるとき，「前提 (A) を公理として，幾何学を組み立ててみよう」という若者が現れた．ハンガリーのヤーノス・ボヤイ (J. Bolyai, 1802-1860) である．彼は 20 歳前後にそのようなことを思いつき，青年士官として軍務に服しながら原稿を完成して，1832 年に父の著書『勉学する青年を数学の初歩に導き入れる試み』の第 1 巻の付録として公刊した．ほとんど同じ頃，ロシアの数学者ニコライ・ロバチェフスキー (N. I. Lobachevskii, 1792-1856) も同じ構想を抱き，1829 年に成果の一部をロシア語で発表し，1840 年には『平行線論の幾何学的研究』という論文を出版している．

その後ドイツの数学者リーマン (G. F. B. Riemann, 1826-1866) は，ゲッティンゲン大学の教員資格試験の一部として行われた講演「幾何学の基礎をなす仮説について」

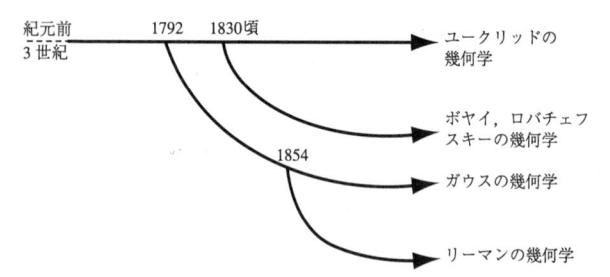

```
紀元前        1792   1830頃
──────────┬─────┬──────────────→ ユークリッドの
3世紀      │     │                 幾何学
          │     │
          │     └──────────────→ ボヤイ, ロバチェフ
          │                       スキーの幾何学
          │        1854
          │         ┌─────────→ ガウスの幾何学
          │         │
          └─────────┴─────────→ リーマンの幾何学
```

図 2.5　幾何学の進化

　ガウスは 1792 年，まだ 15 歳のときすでに「反ユークリッド幾何学」について考えはじめ，1799 年までに相当な結果を得ていたという（ダニングトン『ガウスの生涯』東京図書，170 ページ）．なおこの進化の内容については，次の本に非常によく書かれている．

　　彌永昌吉『数学のまなび方（改訂版）』ダイヤモンド社

　ついでにおもしろい観察：「数学の進化のパターンもこれ（動物の進化）と同様であると思われる．ある 1 つの分野が進歩していって，その進歩の最先端から新しい分野が生まれるのではなく，その分野の原始的（primitive）なところから新しい分野が生まれる」（小平邦彦『ボクは算数しか出来なかった』岩波現代文庫，158 ページ）

ガウス

(1854) の中で,幾何学の新しい考え方を導入したが,そこで生まれた幾何学 (リーマン幾何学) の特殊な場合として,上の前提 (B) を公理とする幾何学が含まれていた.その"B 型"幾何学は,ボヤイやロバチェフスキーの"A 型"幾何学とともに,いまでは非ユークリッド幾何学と呼ばれている (図 2.5).

ところで平行線公理 (公理 5, 60 ページ) を前提 (A) に置き換えると,これまでの常識に反する次の定理が証明できてしまう.

定理 A 3 角形の内角の和は,2 直角より小さい.

前提 (B) を採用しても,やはり奇妙なことが起こる.

定理 B 3 角形の内角の和は,2 直角より大きい.

これらはユークリッドの幾何学 (内角の和は 2 直角) に慣れた人々には,まったく受け入れられない結果である.いったいどれが正しいのだろうか?

当時は哲学者カントの「ユークリッド幾何学は経験によらない,絶対的真理の一例」という学説が一世を風靡していた.だからボヤイやロバチェフスキーの幾何学などは,めだたない形で出版されたからほとんど波紋を引き起こさなかったが,もし有力な雑誌に掲載されて一般の注目を集めていたら「まったく話にならない誤謬」とか「無意味な

言葉の遊び」などという批判が浴びせられ，大騒ぎになったかもしれない．

　実はボヤイ以前にも，ボヤイと同じようなことを考えた人たちがいた．ボヤイの父もそうであったし，ドイツの偉大な数学者，「数学の王」ともいわれるガウス（C. F. Gauss, 1777-1855）もそのひとりである．彼はボヤイの父の友人であり，ロバチェフスキーの師バルテルスの友人でもあったが，早くから非ユークリッド幾何学（ガウス自身の言葉では"反ユークリッド幾何学"antieuklidische Geometrie）を研究し，かなりの成果をあげていた．しかしすでに名声を得ていて，騒ぎを嫌った彼は「存命中には決して発表すまい．自分の考えを全部言ったら，石頭どもがうるさくてたまらないだろう」といったとか（高木貞治『近世数学史談』岩波文庫），ボヤイの父にも「発表には用心したほうがいい」という忠告をしたとかいわれている．ついでながらガウスはボヤイの父に研究を励ます手紙を書いたこともあるし（1804年），ロバチェフスキーの仕事を称賛して，ゲッティンゲンの王立科学アカデミーの通信会員に推薦したりしている（1842年）．

　ガウスは慎重なだけでなく，いくつかの点でボヤイたちよりも進んでいた．たとえば彼は「ガウスの曲率」（むずかしいので説明は省く）という，いろいろな曲面——広い意味での空間を分類するのに有効な武器を持っていた．また彼はただ議論を進めてみるだけでなく，出発点に戻って
　　　我々が住んでいるこの世界で，公理5（平行線公理）

は本当に正しいのだろうか
という問題を考えた．これを取り上げるのは古代ギリシャ人が「仮定」として，それ自身についての議論を棚上げにしたところに，再び足を踏み入れることである．そこでガウスは何をやったか．彼はハノーヴァーで大規模な測量にたずさわったとき，山々の頂上を結ぶ大きな3角形の内角の和が「本当に2直角になるかどうか」を調べたのである．実際の測定には誤差がつきものなので，測定された角度の和は正確には2直角にならず，いくらか差が出る．しかし，もしその差が測定誤差の程度を越えていれば，「我々の世界では公理5は成り立たない」ことが確かめられたことになる．

測定の結果，出てきた差は残念ながら小さくて，ありうる測定誤差の範囲内であった．結局「わからなかった」のであるが，これは実は物理学の大問題なのであって，ずっと後に，アインシュタイン（A. Einstein, 1879-1955）の一般相対性理論（1915）によってひとつの答が出た．それによると，我々が住んでいるこの宇宙空間では，

ユークリッドの諸公理は近似的にしか成り立たない
のだそうである．ではどんな空間なのかというと，その中の物質の配置によって空間自体が変容する，時間ともかかわるダイナミックな空間であるらしいが，まだまだ未解決の問題が多く，空間全体が有限か無限かさえ，決定的なことはまだわかっていないようである．

諸公理を「仮定」と考え，「真実である」とは断定しなか

った古代ギリシャ人はやっぱりすごい！ と思うのは，私だけだろうか？

2.4 モデルの多様化

ユークリッドの公理系は，我々が住んでいるこの世界をモデルとして考えられたものであった．古代ギリシャ人たちが描いた,「我々の世界をモデルとする風景画」といってもよい．

しかしその後,「特定のモデルを想定していない公理系」が現れた．たとえば加算や乗算については

$$x+(y+z) = (x+y)+z, \quad x+y = y+x$$

とか

$$x\times(y\times z) = (x\times y)\times z, \quad x\times y = y\times x$$

のように，類似の性質が成り立つ．それならそういう基本的な共通性質のいくつかを「公理系」にまとめれば，そこから加算や乗算に共通する定理をまとめて証明できるであろう．加算や乗算に限らず，ある世界で

　　任意の対象 x, y に，同じ世界の対象 $x \square y$ を対応させる，ある操作 "$\square$"

が定義されていて，しかも性質

$$x \square (y \square z) = (x \square y) \square z, \quad x \square y = y \square x$$

が成り立つ場合には，同じ公理系をその世界にもあてはめることができる．次にそのような公理系の具体例をひとつ挙げておこう．名前はどうでもいいのだけれど，何かないと不便なので，以下かりに「公理系 D」と呼ぶ[1]．

●公理系 D

ある世界Dで，たとえば「加算」のように

> 任意の対象 x, y に，同じ世界の対象 $x+y$ を対応させる，ある操作 "+"

が定義されている，とする．

公理 D1 すべての x, y, z について
$$x+(y+z) = (x+y)+z$$

公理 D2 すべての x, y について
$$x+y = y+x$$

公理 D3 ある特別の対象 e があって，すべての x に対して
$$x+e = x$$

これらの公理は

> 理論を出発させるための仮定

であって，ある世界では成り立つであろうが，どの世界でも成り立つわけではない．だから当然，「明らかな前提」ではまったくない．ではこれらの公理は，どんな世界で成り立つのだろうか．

---

1) D は「DOUDEMOII」あるいは "Demigroup"（準群）の頭文字である．この公理系をみたす体系は，専門用語では可換準群（単位元をもつ可換半群）と呼ばれる．なお公理系 D の中の操作 "+" は一般に「演算」operation と呼ばれるが，数学的には「2 変数関数」といってもよい．

たとえば x, y, z を整数とし，記号 "$+$" はふつうのたし算を表すとしてみよう．その場合は

　　　　特別の対象 e とは，0 のことである

と解釈すると，上の公理 D1〜D3 はすべて成り立つ．つまり「整数と加算の世界」は公理系 D をみたしている．このようなとき，

　　　　「整数と加算の世界」は公理系 D のモデルである

という．

x, y, z はやはり整数であるが，記号 "$+$" はふつうの乗算（$\times$）を表している，と考えてもよい——もし気持ちが悪ければ，公理系の中の記号 "$+$" をすべて "$\times$" に書きかえて，たとえば公理 D1 の中の式は

$$x \times (y \times z) = (x \times y) \times z$$

と書きかえるとよい．しかしめんどうなので，ここでは公理系の記号はそのままで，適当に「読みかえて」もらうことにする．そして

　　　　特別の対象 e とは，1 のことである

と解釈すると，公理 D1〜D3 はやはりすべて成り立つ．だから

　　　　「整数と乗算の世界」も公理系 D のモデルである

といってよい．

他のモデルもある．x, y, z が自然数（$1, 2, 3, \cdots$）を表すとして，

　　　　$x+y$ とは "x と y の大きいほう" を表す

としてみよう．するとたとえば

2.4 モデルの多様化

$$3+2$$

は"3 と 2 の大きいほう", つまり 3 を意味している. だから

$$3+2 = 3$$

と書いてよい. 同じ意味で,

$$3+3 = 3, \quad 3+(3+2) = 3+3 = 3$$

などと書くことができる[2]. そして

　　特別の対象 e とは, 1 のことである

と解釈すれば, 公理 D1〜D3 が成り立つ. すなわち「自然数と大小関係の世界」も公理系 D のモデルである.

　もっと変わった例もある. x, y 等々がある辞典の見出し語を表すとしよう. そこで

　　$x+y$ とは "x, y のうちあとに出てくるほう" を表す. (図 2.6)

とし, また特別の対象 e は「その辞典の最初の見出し語」を表すと解釈すれば, やはり公理 D1〜D3 が成り立つ (おヒマな方は, たしかめてください).

---

[2] 大きいほうを "+" で表すことには, 強い抵抗を感じた方もおられると思うが, あとで弁明を述べるので, 今しばらくはガマンしていただきたい. とりあえずは好意的に, "+" を "〈大〉" などと読みかえて,

$$3 〈大〉 2 = 3$$

と解釈していただけないだろうか.
　なお「特別の対象 e」は, 操作 "+" の意味に応じて, 上手に選ばないといけない. でたらめに決めたのでは公理系がみたされないかもしれないが, それは決めた人の責任で, 公理系が悪いわけではない.

$$\text{man} + \text{woman} = \text{woman}$$
$$\text{love} + \text{hate} = \text{love}$$
$$\text{a} + \text{and} = \text{and}$$
$$\text{cat} + \text{cat} = \text{cat}$$

図 2.6　変わった加算 "+"
　同じ語の場合，たとえば "cat" と "cat" の「あとに出てくる方」とは，"cat" のことである，と約束する（"cats" ではない！）．

　一般に，ある公理系をみたす特定の世界を，その公理系のモデルという．公理系 D は簡単だけれど，よいモデルが非常にたくさんある．
　公理系から証明できることを，その公理系の定理という．たとえば公理系 D からは，次の定理が証明できる．

定理 D　もしすべての x について
$$x + u = x \qquad \cdots\cdots\cdots\cdots (♪)$$
　ならば，実は
$$u = e$$

これは「整数と加算の世界」では明らかであろう——
　「$0 + u = 0$, $1 + u = 1$, $2 + u = 2$, ……，
　　$17 + u = 17$, ……等々ならば，実は $u = 0$」
というだけのことである．しかし念のため，公理系 D から

の一般的な証明を書いておこう（だいじなのは最初の 2〜4 行だけなので，あとは飛ばしてもかまいません）．

［証明］　仮定（♪）により，$x = e$ とおいて
$$e + u = e \quad \cdots\cdots\cdots\cdots \quad (1)$$
また公理 D3 から，$x = u$ とおいて
$$u + e = u \quad \cdots\cdots\cdots\cdots \quad (2)$$
したがって
$$\begin{aligned} u &= u + e & \cdots\cdots\cdots\cdots & \quad 性質 (2) \\ &= e + u & \cdots\cdots\cdots\cdots & \quad 公理 D2 \\ &= e & \cdots\cdots\cdots\cdots & \quad 性質 (1) \end{aligned}$$
すなわち
$$u = e \qquad\qquad ［証明終］$$

この証明のだいじなところは，具体的な意味内容と無関係に進められることである．たとえば最初に

「仮定（♪）により，$x = e$ とおいて，$e + u = e$」

といっているが，それが正しいかどうかは仮定（♪）の意味内容ではなく，その形（見かけ，form）
$$x + u = x$$
だけで判定できる——この x を e に置き換えれば，たしかに
$$e + u = e \quad \cdots\cdots\cdots\cdots \quad (1)$$
になるではないか．だから，この結論 (1) はまちがいなく正しい．

このように「形 (form)」だけについての議論は
　　　形式的 (formal)
と呼ばれるが, これは「論証の客観性・厳密性を保証する」ために, 非常に望ましい性質である. 幾何学の公理系でヒルベルトが苦労した「言葉と意味を切り離す」ことは, ここでは最初から当然のこととされているわけである. だから, くどいようであるが
　　　文字 x, y などが何を表していても, まったく関係ない
ということもいえるし,
　　　記号 "+" の意味も問わない
——何であろうと, 公理をみたしていさえすればよい. 公理だけに基づいて, それ以外の性質は何も使わずに議論をするのだから, それは当然である. さらにいえば, 文字は x や y でなくても, X や Y であっても (「机」とか「ジョッキ」であっても) 一向にかまわないし, 記号 "+" も, "∪" や "⟨大⟩" など他の記号に書きかえても, まったくさしつかえない——公理や定理・証明の中の文字・記号をそっくり書きかえればすむ (図2.7). ただ, ふつうはみんなが慣れている "+" で代表させて, 他の場合は「モデルをあてはめる段階」で, 適当に読みかえるのである. それなら図2.7のようにいちいち書きかえなくても, 上の公理・定理・証明だけで「まとめて面倒をみた」ことになる. なお
　　「みんなが慣れている "+" で代表させるのは, かえってまぎらわしいのではないか」

公理系 D′	公理系 D″
公理 D′1 $X \cup (Y \cup Z)$ $= (X \cup Y) \cup Z$	**公理 D″1** $p \times (q \times r) = (p \times q) \times r$
公理 D′2 $X \cup Y = Y \cup X$	**公理 D″2** $p \times q = q \times p$
公理 D′3 ある対象 ϕ について $X \cup \phi = X$	**公理 D″3** ある数 1 について $p \times 1 = p$
定理 D′ もしすべての X について $X \cup V = X$ ならば実は $V = \phi$	**定理 D″** もしすべての p について $p \times u = p$ ならば実は $u = 1$
[証明] 仮定により，$V = \phi$ とおいて $\phi \cup V = \phi$ また公理 D′3 から，$X = V$ とおいて $V \cup \phi = V$ したがって $V = V \cup \phi$ $\quad = \phi \cup V$ $\quad = \phi$ すなわち $V = \phi$ [証明終]	[証明] 仮定により，$p = 1$ とおいて $1 \times u = 1$ また公理 D″3 から，$p = u$ とおいて $u \times 1 = u$ したがって $u = u \times 1$ $\quad = 1 \times u$ $\quad = 1$ すなわち $u = 1$ [証明終]

図 2.7 記号の置き換え 記号の置き換えは，証明の流れに何の影響も与えない．「公理にもとづく」のであればヒルベルトがいった通り，「言葉は（記号も）何でもいい」わけである．なお公理の説明中，「すべての……について」という語句を省略した．

「ふつうは使わない，"Δ"などで代表させるほうがいいのではないか」
という意見もある．しかし私はある講習会で"Δ"を使ったら，休憩時間に眉を吊りあげて抗議にきた受講者のひとりに「へんな記号を使わないでください！」と叱られてしまったことがある．まあ何事も一長一短あるので，読者の皆様にはなるべく好意的にお読みいただき，少しずつ慣れてくださることを期待している．

さて上の定理は，どういう意味をもっているのだろうか．それは「どんなモデルをあてはめるか」，ひらたくいえば「文字や記号をどう解釈するか」によって変わる．x, u が整数である場合には，要するに

(1)　加えても変わらない数は，0だけである．

とか

(2)　掛けても変わらない数は，1だけである．

ということである．また辞典の見出し語を考えているときは，

(3)　他のどんな見出し語よりも前にあるのは，最初の見出し語だけである．

と解釈できる．細かい説明は必要ないので省くが，他のモデルでは，次のような解釈も可能である（ここを全部理解

する必要はありません——知らない単語が出てくる行は無視してください).

(4) どんな世界でも，もし最小値があるなら，それはただひとつである．
(5) どんな世界でも，もし最大値があるなら，それはただひとつである．
(6) もしすべての集合 X について $X \cup Y = X$ が成り立つなら，Y は実は空集合である．
(7) もしすべての集合 X について $X \cap Y = X$ が成り立つなら，Y は実は全体集合である．
(8) 加えても変わらないベクトルは，零ベクトルだけである．
(9) 掛けても変わらない行列は，単位行列だけである．
....
(以下略)

これらはもちろん，個別的にも証明できる．しかし上の定理 D を証明すれば，これらをまとめて証明したことになる．

公理系 D から，かりに 10 個の定理が証明できたとしよう．すると，ある世界が「公理系 D のモデルになっている」ことをたしかめただけで，その世界で成り立つ定理が 10 個，いっぺんに手に入るわけである．だから，公理系 D のモデルがかりに 100 個あったとして，それぞれの世界が

「公理系 D のモデルになっている」ことの確認を 1 回ずつ，あわせて 100 回行えば，全部で $10 \times 100 = 1000$ 個の定理が得られる．こんなふうに公理系 D によって「まとめて面倒をみる」のでないと，1000 個の定理を得るには証明を 1000 回，繰り返さなければならない．だから「一般的な公理系による議論」には「証明の省力化」という実際的な効用がある．

公理系の効用は，「省力化」だけではない．よい公理系は，いろいろな世界に共通の構造を，上手に取り出している[3]．一般性のある公理系から証明できる事柄は，「構造的な事実」ともいえる．それまで個別的に知られていた具体的な諸事実を抽象化・一般化・構造化して述べてみると，ひじょうに見通しよく，わかりやすくなる場合があり，それは「公理系による議論」のさらに重要な効用であった．

このことから，公理系についてのまったく新しい考え方が生まれた．これまでのように「基礎を固める」ためよりは（それもあるが，それよりはむしろ），

　　　一般的・統一的な理論を可能にする

ために公理系を構築しよう，というのである．これがいわ

---

[3] なおついでながら，ひじょうに特殊な世界の性質しか反映していない公理系は，数学的に「悪い」公理系である——昔々，矢野健太郎先生が「これこれの公理系をみたす空間はただ 1 点から成る」ことを立証した論文について「そんな公理系に，どういう意味があるんでしょうねえ」と呆れておられたが，「ただ 1 点から成る空間」にしかあてはまらない公理系などは，ここでいう「悪い公理系」の代表的な例である．

ゆる「公理主義」の精神で，今世紀の前半，数学のあらゆる分野で大流行した．そしてこの公理主義，あるいは

　　　数学的構造主義

は，いまでは「現代数学の根本思想」といわれているが，そのひとつの成果がフランスの数学者集団ブルバキの双書『数学原論』(1939～)である．

2.5 モデルの効用

　新しい公理系，すなわち「特定のモデルを想定していない，抽象的・一般的な体系」としての公理系では，個々の公理が「正しいか，否か」ということは，まったく意味がない．それが正しいような世界，すなわちモデルの中ではもちろん正しいが，その外では成り立っても成り立たなくても，気にしなくてよい．問題はむしろ「どんなモデルがあるか」，「なんらかの意味で役に立つモデルがあるか」ということである．

　ユークリッドの公理系は，そうではなかった．前に何度も述べたように，これは「我々が住んでいるこの世界」を写しだそうとした，いろいろな理想化を含む「宇宙空間の模型」である．だから「公理5は正しいか」のような問いが，重要な意味をもったのである．しかし彼の公理系(以下かりに公理系Uと呼ぶ)に，新しい考え方をあてはめることもできる．その場合，プラトンが考えたイデアの世界が，もし実在すると認めるなら，きっとUのよいモデルになるであろう．デカルトが考えた座標系の世界(現代の言

葉でいえば3次元ベクトル空間）も，もし実在すると認めるなら，たしかにUのモデルである．ほかにもあるかもしれない．我々が住んでいる現実の世界だって，近似的にはUのモデルと考えてさしつかえないのである．ともかく我々の住む世界が，厳密な意味でのモデルであるかどうかとは無関係に，公理系Uを一般的な理論体系として研究したり，考えるときの「模型」として利用したりすることができる[4]．

平行線公理との関係で紹介した前提（A）や前提（B）（62〜63ページ）を公理として採用した場合も同様である．念のため前提（B）を公理とする"非ユークリッド幾何学"の，ひとつの（簡略化された，ミニ）公理系を書いておこう——以下これを「公理系B」と呼ぶ．

●公理系B

公理B1 任意の点から任意の点に，直線をひくことができる．

ここはわざと（公理1#でなく）古い形にしておく．

公理B2 与えられた有限の直線を，どちらの側にもい

---

[4] まぎらわしくて困るのだけれど，この意味での「模型」のことを「モデル」という場合もある．ユークリッドは現実世界をモデル（手本）にして，理想的なモデル（模型）を作った．しかし手本という意味でのモデル（現実の宇宙空間）は，模型という意味でのモデル（彼の公理系）の，新しい意味でのモデル（公理系をみたす世界）ではなかった……．なお本書では以下「モデル」を「公理系をみたす世界」という意味に限って使用する．

くらでも延長できる．

公理 B3　任意の点を中心とする，任意の距離の円を描くことができる．

公理 B4　すべての直角は互いに等しい．

ここまでは公理系 U（の前半）と同じで，次の公理だけ変更する．

公理 B5(前提 B)　直線 L と，その上にない点 P とが与えられたとき，
　　P を通り L に平行な直線は，存在しない．

このような公理系に，どんなモデルがあるだろうか．「現実の宇宙空間」にこだわる必要はないので，地球の表面を考えてみるとよい．

話を簡単にするために，地球の表面が「凸凹のない理想的な球面」であり，その上に住んでいる生物（我々）は，その球面上でしか移動できない，と仮定する——飛行機で球面を離れることもできないし，トンネルを掘って地球の内部を通過することもできない．

そういう「球面世界」では，生物がある点 P から別の点 Q へと移動するときの最短コースは，球面上のある円弧になる．正確にいうと，
　　点 P, Q と地球の中心 O を含む平面で，球面を切っ
　　たときの，P から Q への円弧
である（図 2.8）．この切り口を大円というので，「P から Q への大円の一部分」といってもよい．

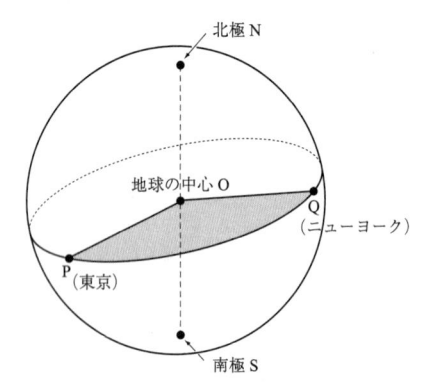

図 2.8 地球上の最短コース

よくある「メルカトール式」の地図で，東京とニューヨークの間を直線でつなぐと，サンフランシスコの少し上あたりを通るが，これは「地球上の最短コース」ではない．球面上の点 P から Q への最短コースは「球の中心 O と P, Q を含む平面でその球面を切ったときの切り口」（大円）の，P から Q への円弧になる．東京からニューヨークまでなら，アメリカ大陸の西海岸ではサンフランシスコのずっと北の，アンカレッジの近くを通過する．

それならこの最短コースを「直線」と呼ぶのは，球面上の生物にとっては自然なことであろう．そこでこの意味での直線——大円の一部分を，かりに〈直線〉と書くことにしよう．するとその〈直線〉について，次の性質が成り立つ．

1) 任意の点から任意の点に，〈直線〉をひくことができる．
2) 与えられた有限の〈直線〉を，どちらの側にもい

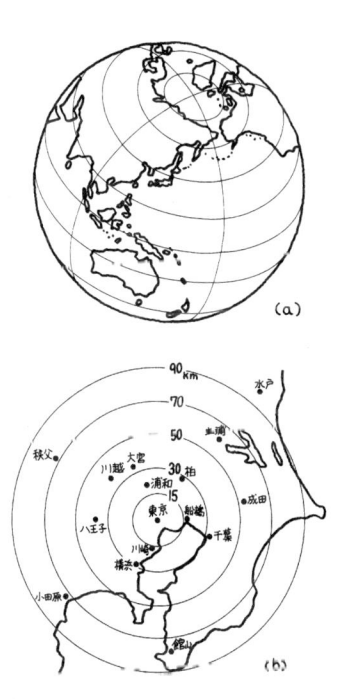

図 2.9 球面上の円

任意の点 P と，任意の有限〈直線〉PQ に対して，P を中心とする，中心からの距離（半径）が PQ の長さに等しい円を描くことができる．球面を任意の平面で切ったときの切り口は，円になる．地球儀の上では，同じ緯度の線は北極を中心とする円であり，特に赤道は，「周の長さが最大の円」すなわち大円になる．また南極（1 点だけ）は，北極を中心とする「半径最大の円」（周の長さゼロ）である．このように球面上の円は，図形としてはふつうの（平面上の）円と同じであるが，「中心」や「半径」は違ってくる．

くらでも延長できる.

いくら伸ばしても, 世界の果てにぶつかることはない. ただ, もとのところに戻って「ぐるぐるまわり」をすることになる (大円になる) から,「いくらでも延長できる」という表現は不適切かもしれないが, まあ「境界にぶつかってそこから先に行けなくなることはない」という意味だとして, 眼をつぶっていただきたい.

円や直角についてはどうだろうか.

 3) 任意の点を中心とする, 任意の距離の円を描くことができる. (図 2.9)

「距離」は球面上の有限の〈直線〉で指定してもらうことにすれば, これも成り立つ.

 4) すべての直角は互いに等しい. (図 2.10)

これは問題ない. さて平行線はどうか.

 5) 〈直線〉L と, その上にない点 P とが与えられたとき, P を通り L に平行な〈直線〉は存在しない.

なお平行とは,「いくら延長しても交わらない」ということであった. この世界での〈直線〉は, 十分延長すれば大円になる. 2 つの大円は必ず 2 点で交わるから, たしかに平行線は存在しない.

これらは公理系 B の公理 B1〜B5 に一致する. ていねいにいえば,

  公理系 B の公理は,「直線」を〈直線〉(すなわち大円の一部分) と解釈すれば, みな成り立つ

ということである. そういうわけで, 球面世界は公理系 B

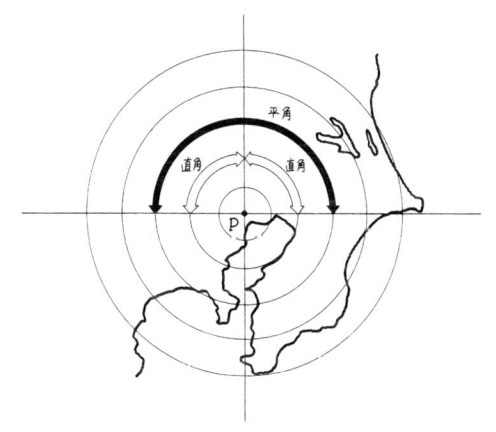

図 2.10 球面上の直角

直角とは，〈直線〉がなす角（平角）を 2 等分してできる角のことである．球面上の直角も，交点の真上から写真をとれば平面上の直角になるので，どの直角も等しい．

なお，球面上のどの 2〈直線〉も，適当な回転の組み合わせによってぴったり重ねることができる．ここから「どの〈直線〉も，図形的に等しい（合同である）」ことがわかる（ユークリッドが直線の定義 4 でいいたかったのは，このことかもしれない）．ここからも「すべての平角が等しい」こと，したがってその半分である直角もすべて等しいことがわかる．

のモデルなのであった．

このモデルの話をすると，おもしろがる人もいるし，〈直線〉という言葉にこだわる人もいる．せっかくユークリッドの世界に慣れたのに，曲がった〈直線〉などといわれると，非常に気持ちが悪いらしい．しかし気持ちが悪い議論

にも，実益がある．モデルがある以上，

> 公理系 B からいくら議論を進めても，矛盾は絶対に出てこない

といえるのである．なぜか．公理系 B から導かれる定理は，どれほど奇妙に見えるとしても，そのモデルの中では正しい．そして正しいことどうしが矛盾するわけがない．だから論理的に議論を進めるかぎり，矛盾は絶対に出てこない[5]．

同じモデルから，次のこともわかる．

> 「公理系 B から公理 1 #（の後半）
> 　　相異なる 2 点を通る直線はただひとつである
> を証明することは，絶対にできない」

なぜか．いきなり

> 2 点を通る直線は 2 つ以上ありうる

などといわれるとびっくりするかもしれないが，「直線」を〈直線〉すなわち大円と解釈してやれば話は変わる——北極と南極を通る〈直線〉（大円）は無数にある！（図 2.11）このように，

---

5) 公理系 B の中での議論は，「直線」という言葉を機械的に「大円」に置き換えれば，ユークリッドの幾何学の中での議論に翻訳できる．だからもし公理系 B から矛盾が発生したとすると，その矛盾はユークリッドの幾何学の中での矛盾に翻訳できる．それはおそらくありえないので，さっき「矛盾は絶対に出てこない」と書いてしまった．しかし本当は「ユークリッドの公理系に矛盾がないとすれば」という条件をつけないといけないところであった．

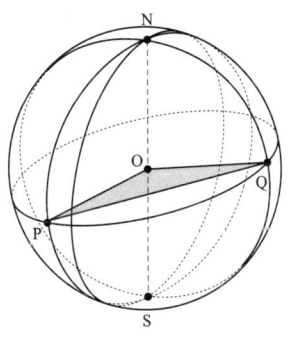

図 2.11 2点を通る〈直線〉

　球面上でも，相異なる 2 点 P, Q を通る〈直線〉（点 P, Q と球の中心 O とを含む平面で球を切った切り口）は，多くの場合ひとつしかない．しかしその 2 点が地球上のちょうど反対側にある場合——いわゆる対蹠地（たいせきち，antipodes）である場合には，そうはいかない．たとえば北極 N と南極 S については，N, S と地球の中心 O とが 1 直線上に並ぶため，「O と N, S を含む平面」は無数にあり，N, S を通る大円すなわち〈直線〉も無数にある．

　「公理系 B はみたすが，公理 1 # はみたさない」世界が実在するのだから，公理系 B から公理 1 # を一般的に証明することなど，できるわけがない！

　前提（B）のかわりに前提（A）を採用した公理系にも，もっと技巧的にはなるが，やはり簡単なモデルを構成することができる（図 2.12）．そしてモデルがある以上，その公理系からいくら議論を進めても，やはり矛盾は出てこない．ボヤイ以前の人々が矛盾を導こうとしてさんざん苦労して，骨折り損に終わったのは，気の毒だけれど当然なの

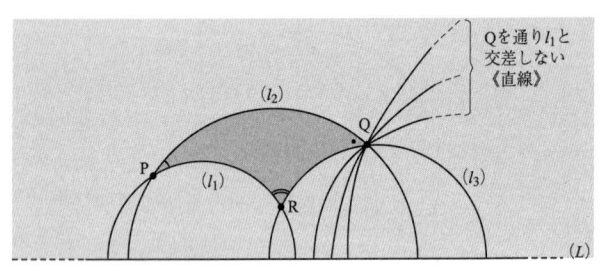

図 2.12 ボヤイの公理系のモデル

平面上に直線 L をひき,それより上の半分だけを考える.そしてこの世界での《直線》とは,

　　　L 上の 1 点を中心とする,任意の円 (の上半分)

であるとする.すると,《直線》l_1 とその上にない点 Q に対して,「Q を通り l_1 と交差しない (平行な)《直線》」は無数にある.なお 3 角形 PQR の内角の和は,いつも 2 直角より小さく,P, Q, R が「世界の涯」(直線 L) に近づくにつれていくらでも 0 に近づく.

であった.

なお非ユークリッド幾何学の公理系に対して

　　　「モデルが構成でき,したがってそこから矛盾は出てこない」

ことをはじめて指摘したのは,当時 21 歳の若い数学者クライン (F. Klein, 1849-1925) で,ロバチェフスキーの『平行線論の幾何学的研究』が出てから 30 年め,ヒルベルトの『幾何学の基礎』よりおよそ 30 年前の 1870 年のことであった.クラインはその後 23 歳でエルランゲン大学の教授となり,当時知られていたいろいろな幾何学を代数的な方法 (変換群論) によって統制しようという「エルランゲン

計画」(Erlanger Programm) を発表して，一躍有名になった．1886 年に，以前ガウスやリーマンがいたゲッティンゲン大学に移り，そこでドイツの指導的な数学者として活躍した．ゲッティンゲンにヒルベルトを招いて「数学の世界のひとつの中心地」を実現したのもこのクラインである．

　ついでながら，私がここであらためて思うのは，
　　　　「ユークリッドの世界 (ユークリッド空間) はじつに
　　　　　よくできている」
ということである．単純で一様で静的で，非常に考えやすい．相対性理論でいう「物質と相互に働きあう」ようなダイナミックな空間は，私にはどうもイメージしにくい．公理系 B のモデルとして上に説明した「球面世界」も，ユークリッド空間の中での球面を考えているのである．ひょっとするとカントのいうとおり「我々は生まれつき，ユークリッドの枠組みでものごとを認識するようにできている」のだろうか？

[コラム]　**言葉は何でもよいか？**◆

　言葉は何でもよいとしたら，点という代わりに「ピン」といい，(無限)直線のかわりに「ポン」といい，「通る」ことを「パンする」といってもかまわないであろう．するとたとえば公理1#の後半部分は

　　(♭)　相異なるふたつのピンをパンするポンは，ただひとつである

となる．また前に述べた「交差する直線の性質(#)」(図2.2)は

　　　「同一のピンをパンするポンの性質」

として次のように述べられる(少し簡単にしておく)．

　定理　ポン L はピン P をパンするが，ピン Q をパンしていないとする．そして P と Q をパンするポン L' を考える．するとそのポン L' ともとのポン L とがどちらもパンしているピンは P だけで，それ以外の同じピンを両者ともにパンすることは決してない．

　何のことやらわけがわからないが，これは公理1#(の後半部分(♭))から，意味を考えずに，論理的に証明できる．バカバカしいけれど，一応書いておこう——直観を無視した論理的証明が「いかにわかりにくいか」を示すよい例でもある，と思う．

　[証明]　ポン L, L' が，P 以外の同じピン R をパンしたと仮定しよう．するとポン L および L' は，どちらも相異なる2つのピン P, R をパンすることになる．ところが相異なる2つのピンをパンするポンはただひとつである

(♭)から，ポン L, L' は同一でなければならない．一方ポン L はピン Q をパンせず，L' は Q をパンするので，L と L' は同一ではありえない．だから最初の仮定は誤りで，ポン L, L' が P 以外の同じピンをパンすることは決してない． ［証明終］

なおヒルベルトが「机，椅子，ジョッキについても数学を創れる（？）」といったかのように誤解している人がいる（実は私も，昔そのようなことをうっかり書いてしまったことがある）けれど，彼はそんなくだらない数学など，夢にも考えなかったであろう．だいじなポイントは，言葉を変えても上のように

「わけがわからないままに証明ができてしまう」

ことであって，これこそ「幾何学的な直観を完全に排除できた」証拠であり，「直観的な定義や説明がなくても証明はできる」ことがわかる．

第 3 章
集合論の光と陰

ヒルベルト語録

「カントルが創造してくれた楽園から我々を追放することなど,誰にもできはしない」
Aus dem Paradies das Cantor uns geschaffen hat, soll uns niemand vertreiben können.

「我々は知らねばならない.我々は知るであろう」
Wir müssen wissen, wir werden wissen.

「ドレ,どこか? ドレ,(ズボンの)この穴か.これなら前学期にもあいてたようだよ」

(高木貞治『近世数学史談』岩波文庫より)

3.1 数学教育と集合論

1960年代にアメリカから始まった「数学教育の現代化」は,日本の学校教育でも1968年に正式に採用されたが,世界中に大恐慌を巻き起こした.その中に「小学校からの,集合論の導入」があったためである.そしてそれまでは積み木をわけるのに,「四角いの」とか「赤いの」などといえばよかったのに,

　　　　四角い積み木の集合

とか

　　　　赤い積み木の集合

という言葉を使うことになった.また悩める親たちのためにどっと出回った解説書では,それらの集合をあわせた「合併集合（和集合）」（図3.1）とか,一部の要素をぬきだした「部分集合」などの用語も教えられた（図3.2）.

皆さんはどう思われるだろうか.赤い積み木の「集合」といったところで,「何の役に立つのだろうか」,「なぜそんないいかたをするのか,そこのところがわからない」,あるいは「趣味が悪い」と思われるとしたら,それはたぶん健康な反応である.実際,いくら「現代数学で集合が重要だ」としても,「赤い積み木の集合」といわれただけでは「何の役に立つのかわからない」と思うのは無理のないことであり,むしろ当然ともいえる.

しかし当時の親たちからは,

「どうしてそんなむずかしいことを教えるのか」

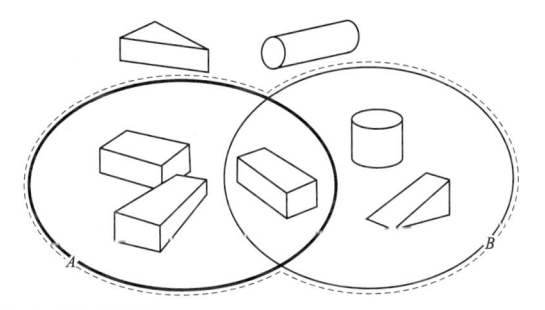

図 3.1　積み木の集合

 ものの集まりを「集合」という．実物をよせ集めなくても，頭の中でまとめるだけでよい──「どの範囲のものを集めるか」がはっきりしていればよい．簡単な場合には，上の図のように，その範囲を境界線で示すことによって，集合を図示できる．これをオイラー図（最近はヴェン図）という．たとえば太線 A の内側にある「四角い積み木の集合」や，細線 B で囲まれた「赤い積み木の集合」が考えられる．これらの合併集合とは「四角か赤い積み木」の集合（点線の内側）である．

という反発が起こり，新聞・雑誌もそれに同調して「むずかしい」，「むずかしい」，「むずかしーい」と書きたてて，けっきょく集合論は世論の前に敗退，初等教育から消滅した．

　この経過は歴史的な事実であるが，そこで教えられた集合論が「むずかしい」というのはどうだろうか．自分たちが習ってないことはすぐ「むずかしい」とさわぎだす，大人たちの思い込みにも問題があった，と私は思う．また集合論が現代数学の言葉であり，

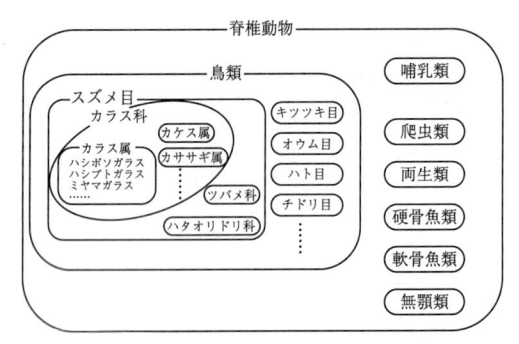

図 3.2 動物の集合
　カラス属の鳥の集合は，カラス科の鳥の集合の部分集合であり，カラス科はまた，スズメ目の部分集合である．スズメ目は鳥類の，鳥類は脊椎動物の部分集合である．（なお専門用語では脊椎動物門・哺乳綱・霊長目・ヒト科，などという）

　「集合の記法を知らないと，現代数学の論文は読め
　　ない」
というのも事実である．だから現代数学の体系を考察するときに，集合論を無視することはできない．

　ではなぜ集合論が，現代数学の中でこんなにも使われるようになったのだろうか．数学的な概念を記述する言葉として，集合の記法が非常に便利だからである．こんなにおいしいものを「このブドウはすっぱい」と捨ててしまうのは，もったいない話であった．私は今でも「小学生ぐらいのときに，"集合"という言葉に出会わせておくのは悪くないんじゃないか」と思っている——大人たちが「むずかし

い，むずかしい」とさわいでいた頃，「集合」の言葉で楽しく遊んでいた子供たちもけっこういたのである．

　集合論には，数学の歴史において重要な，もうひとつの役割があった．それはいわゆる「数学の危機」を引き起こし，数学の基礎についての再検討をうながしたことである．集合論は「無限」を気軽に扱うため，保守的な数学者には最初から嫌われていた．その上，素朴な直観に頼って議論を進めていくと，いくつか深刻なパラドックス（不合理な話，逆理，逆説）が発生することがわかった．しかし集合論はあまりにも考えやすく使いやすいため，「捨てるのはもったいない」という数学者もいて，学者どうしで激しい論争が行われた．おかげで，それまでに発見されたパラドックスを防ぐ技術は何とかできあがったし，また数学の基礎についての理解が大いに深められた．

　次にまず集合論の光の部分——集合論の「どこがおいしいか」のお話をしておこう．本当の「うまみ」にまでは手が届かないけれど，「香り」ぐらいは何とかお届けして，それから集合論の陰の部分，さいごに数学の基礎についての論争とそこから出てきた新しい方向について，解説をしてゆきたい．

3.2　集合論の光

　まず概念と集合の関係から，説明を始めたい．簡単な例として，「単語」の概念について考えてみよう．国語辞典では，「単語」とは

それぞれ意味をもって文節を構成する，一つ一つの
　　　ことば．
　　　例，山・行く・が・だ．
などと定義している（三省堂『国語辞典』）．この定義から，
「単語」という概念にあてはまるものの範囲

　　　啞（あ），ああ，合い（あい），間（あい），愛（あい），
　　　藍（あい），
　　　相合傘，愛育，相容れない，愛飲，愛煙，……
が定まる．

　集合論では，この範囲——単語の集まりを単語の集合
(set) と呼ぶ．そしてこれをまたひとつの「もの」（対象）
とみなし，名前をつける．たとえばこの範囲を W と名付
けたいときは，

　　　単語「啞，ああ，合い，間，愛，……」の集合 W
といったり，

$$W = \{啞, ああ, 合い, 間, 愛, ……\}$$

と書いたりする（あてはまるものを書き並べ，全体を中括
弧 { } で囲む）．そしてこの範囲にある個々のものを，こ
の集合 W の要素という．だからたとえば「啞，ああ，愛な
どは集合 W の要素である」ということになる．ついでに
いうと，たとえば "愛" が集合 W の要素であることを，記
号

$$"愛" \in W$$

で表す．これをふつう，

　　　"愛" は単語の集合 W に属している

と読むが，この場合は「"愛"は単語である」と読んでもよい．実際，記号 $\in$ はギリシャ語の"$\varepsilon\sigma\tau\iota$（〜である）"の頭文字 ε に由来するという．

　集合とは，要するに「範囲」のことなので，説明・定義のしかたが違っていても，集められているものの範囲が同じであれば「同じ集合である」とみなされる．それだけに集合を定義するときは，範囲の指定が明確でなければならない．しかし，さっき集合 W の説明に使った「等々」という意味での点線
　　　"............"
はあいまいで，範囲の指定として明確とはいえない．たとえば"女の子"はひとつの単語だろうか，それとも3つの単語"女"，"の"，"子"からなる熟語だろうか？

　そういうところをはっきりさせようとすると，さっきの定義「意味をもって文節を構成する，一つ一つのことば」だけでは不十分である．しかもよく考えてみると，「意味」とか「文節」，「ことば」などの言葉はどれもあいまいで，これらをはっきりさせるのは容易なことではない．

　このような場合に考えてよいひとつの方法は，"……"を使わずにすべての単語を書き並べた「文字列のリスト」を作ってしまうことである．個々の問題ごとに態度をきめて，たとえば"女の子"をひとつの単語として認めたければ，そのリストの中に文字列"女の子"を入れておけばよい．そのようにして
　　　ある文字列の集合 W

が確定する．

こうして集合がきまると，その集合から概念を定義することができる．今の例では

　　　単語とは，集合 W の要素のことである

といえばよい．このように定義すれば，ある文字列が単語かどうかは，それが集合 W の要素であるかどうかできまるので，あいまいさはなくなる——わかりやすいかどうかは別として，論理的にはこれで明確な定義になっている．

要素が無限にある場合には，「全部書き並べる」ことはもちろんできない．そういうときは，数学的な条件式によって集合を定義すればよい．たとえば

　　　「ある整数 k によって $n = 2k$ と表せるような数 n」
　　　の集合 G

といえば，「偶数」という言葉を使わずに，偶数の集合 G が定義されている．そこで

　　　偶数とは，G の要素のことである

というような，集合に基づく「偶数」の定義が可能になる．

一般に，ある概念にあてはまるものの集合を，その概念の外延（denotation）という．だからさっきの集合 W は「単語」の概念の外延である．また，ある概念にあてはまるものがみたすべき性質（たとえば「ひとつのことばである」など）を，その概念の内包（connotation）という．内包を規定して概念を定義することを，内包的定義という．言葉による内包的定義はわかりやすいが，あいまいになりやす

い．外延を規定して概念を定義することは外延的定義（あるいは集合論的定義）といわれるが，こちらは話をはっきりさせるのに役立つことが多い．ただ「わかりにくい」場合もあるので，脱線であるがおもしろい例を挙げておこう．

「男語」の集合 = {男，鷹，お札，質屋，やくざ，アウト，……}，

「女語」の集合 = {女，とんび，コイン，銀行，警官，ホームラン，……}

これらも"……"のところをきちんと書き出せば厳密な定義にはなるが，次の内包的定義のほうがずっとわかりやすいであろう．

「ん（ン）」の音を含む名詞を女語といい，そうでない名詞を男語という．

脱線ついでに，もうひとつよけいな注意を述べておこう．集合による外延的定義は，意味内容による内包的定義と合わないことがある．わかりやすい例が

明けの明星：夜明け前の東の空に，明るく輝く星

の概念と

宵の明星：夕暮の西の空に，明るく輝く星

の概念とである．これらは言葉の意味としては異なるが，実体としてはどちらも金星なので，あてはまるもの（金星だけ）の集合で比較すれば，これらの概念は「結果的に一致する」といえる．このような概念に対して，どちらの定義が適切であるかは目的によって異なるが，実体を基本と

して考えを進めたい場合には，集合に基づく定義のほうが話が簡単になってよい．

まじめな話にもどって，もうひとつだいじな例を挙げておこう．それは「文法的に正しい文」という概念である．文の長さに制限をつけないと，潜在的に「ありうる文」は無限個あるから，それらのすべてを書き並べることはできない．それでもアメリカの言語学者チョムスキー（N. Chomsky, 1928-）は

単語列のある（無限）集合 L

を考え，その中身（範囲）を規定する数学的な方法を提案した．集合 L が確定すれば，

「文法的に正しい文」とは，L の要素（L に属する単語列）のことである

という形で，そこから逆に「文法的に正しい文」の概念が定義できる．これは数学的に明確な現代構文論の基となった，革命的な考え方であった（1959）．

定義できるいろいろな「概念」を議論の対象として一般的に取り扱うときにも，集合論は便利である．ふつうそのようなとき，論理的なあいまいさを避けるために，最初に

話の範囲（universe of discourse）

をきめておく．これもひとつの集合で，よく「全体集合」（あるいは領域 domain）と呼ばれるが，ここでは次の例を頭においていただけるとよい．

5人の女性アキコ，カズコ，サユリ，タカコ，ナツコ

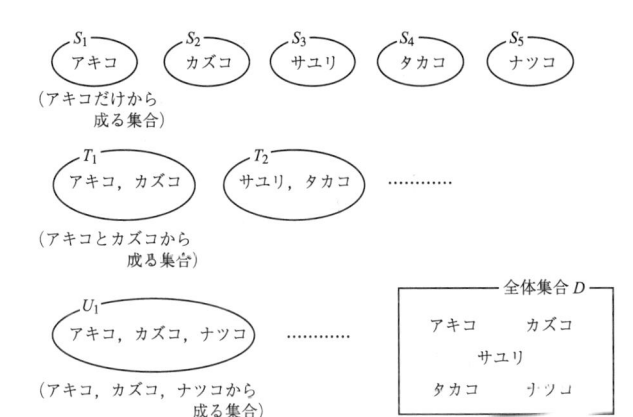

図 3.3 概念と集合

たとえば X 家の姉妹 ＝ {アキコ, カズコ, ナツコ}, Y 家の姉妹 ＝ {サユリ, タカコ}, ナツコの姉 ＝ {アキコ, カズコ}, ○○学園の生徒 ＝ {アキコ, サユリ}, 既婚者 ＝ {カズコ, タカコ} などなど, いろいろな概念とそれに対応する集合が考えられる. なお要素がひとつもない, 空っぽの集合も考えられるが, それは「○○学園在学中の既婚者」とか「X 家と Y 家の共通要素」のような, 現実にありえない概念に対応している. これをふつう空集合といい, 記号 ϕ で表す.

の集合 D：
$$D = \{アキコ, カズコ, サユリ, タカコ, ナツコ\}$$

さてこの世界で,「ありうるすべての概念」を考えてみていただきたい. いったいどんな概念が含まれているだろうか？——などといわれると, とまどう人が多いだろうと思う. いくら話の範囲 D を限定しても, これは「概念という

概念」を考えることなので，私もはっきりしたイメージはもてない．しかし世界 D の中で

　　　　「ありうるすべての集合」

を考えることなら，ずっとラクになる．集合として考えれば，いろいろな概念を図 3.3 のように視覚的に表すこともできるし，このように小さな世界 D でなら，

　　　　ひとりだけの集合（アキコだけ，カズコだけ，等々）
　　　　が 5 通り，
　　　　2 人の集合（アキコとカズコ，アキコとサユリ，
　　　　等々）が 10 通り

など，全部で何通りあるかも計算できる．ついでながら集合として考えている場合には，要素の範囲さえわかればいいので，たとえば

　　　　○○○と□□□の集合

が，長女の集合なのか美人の集合なのか，それとも「将棋が好きな人」の集合であるのか等々，「結果として一致するような意味内容の区別」は考えなくてよい．それだけ話が簡単になっているわけであるし，よけいな感情や思い入れを排除する役にも立っている．

　数学の中ではふつう，実体を中心として厳密に概念を定義したいものである．しかもその概念を対象として，さらに高次の概念を組み立ててゆく場合が少なくない．たとえば数の概念から出発して，数の間の関係——大小関係や関数関係（これらも一種の概念）を考察する．またさらに特殊な関数のある範囲（集合）を取り上げ，それらに対する

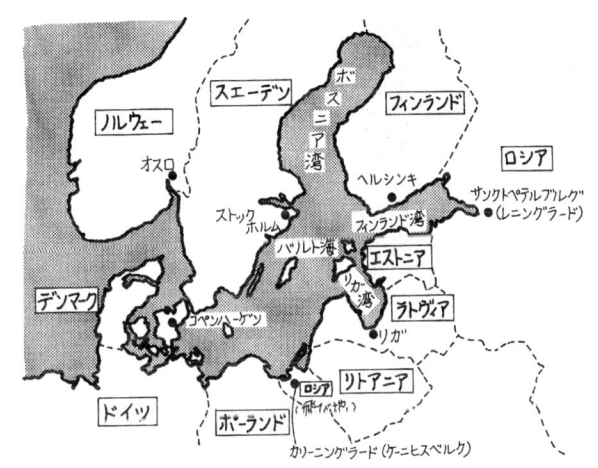

図 3.4 北欧の主要都市

カントルが生まれたサンクト・ペテルブルク（レニングラード）はこの図の右端，カントとヒルベルトが生まれたケーニヒスベルクはバルト海南岸，ポーランドの北にある（現在はロシア領）．

関数（関数に働きかける関数：作用素 operator）を定義・研究したりする．このように発展してゆく研究対象の階層

  数　→　関数　→　関数の集合
  →　そこで働く作用素　→　……

のすべての段階で，集合による定義が有効で，

  統一的な記法で概念を定義・記述し，対象化する

ことができる．これこそ集合論の記法が現代数学の中で，これほど普及している理由であり，「集合論のおいしいと

カントル

ころ」といえる[1].

　集合論の創始者は，ドイツで活躍した数学者カントル (G. Cantor, 1845-1918) である．彼はデンマークの豊かな商人の息子として，フィンランド湾の東岸，「水の都」といわれるペテルブルクに生まれた（図 3.4）．ここは創設者ピョートル大帝に敬意を表してペトログラードとも呼ばれるが，当時の正式名称はサンクト・ペテルブルク（Sankt-Peterburg）で，1712 年から 1918 年までロシア帝国の首都

---

[1] 数学的な概念は，すべて例外なく，集合論の記法で記述できる．
　加算 +，大小 ≦ などはもちろんのこと，等号 "=" も関係 "∈" によって，次のように表現できる（少し簡単にしておく）．
　　$x = y$ とは，すべての集合 S について
　　　「$x \in S$ と $y \in S$ の真偽がつねに一致すること」
　　をいう．
　「表現できる」とは，「定義できる」といってもよく，
　　記号 "=" は，記号 "∈" に翻訳できるので，使わなくてもいい
ということでもある．

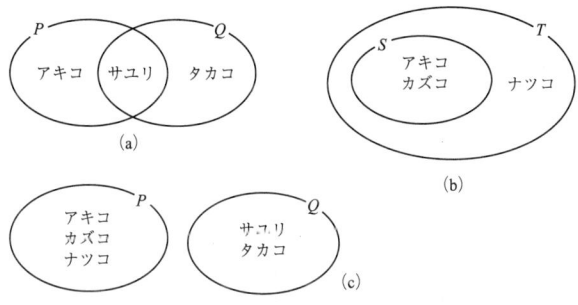

図 3.5 集合の図解法

「概念にあてはまるものの範囲」（現代の言葉でいえば集合）をこのように図示することは，スイスの大数学者オイラーがすでに始めている，といわれる．なおこの例でもとになっている概念は，

P…○○学園の生徒， Q…Y 家の姉妹，
S…ナツコの姉， T…X 家の姉妹

である．(b) は一方が他方にそっくり含まれている「包含関係」の例で，このようなとき S は T の部分集合になる．(c) は共通要素がまったくない「排反関係」の例で，このようなとき S と T は排反であるという．なお最近はこのような図を「ヴェン図」と呼ぶことが多い（J. Venn，イギリスの弁護士，1834-1923）．

であった（その後ペトログラード，さらにレニングラードと改名され，1991年に昔の名前サンクト・ペテルブルクにもどった）．

カントルは1867年にベルリン大学で博士号を取得し，女学校や大学の講師などを経て，1879年にハレ大学の教授になった．彼はいわゆる「フーリエ級数」の性質を調べているうちに，ある特殊な実数の集まりに注目するとよいこ

$$\begin{array}{ccccccccc}
\text{自然数} & 1, & 2, & 3, & 4, & 5, & 6, & 7, & 8, \cdots \\
& \updownarrow & \updownarrow & \updownarrow & \updownarrow & \updownarrow & \updownarrow & \updownarrow & \updownarrow \\
\text{平方数} & 1, & 4, & 9, & 16, & 25, & 36, & 49, & 64, \cdots
\end{array}$$

図 3.6 ガリレオの観察

自然数 $1,2,3,\cdots$ と平方数 $1^2, 2^2, 3^3, \cdots$ の間には、上のように「1 対 1 で洩れのない対応」をつけることができる。これはイタリアの科学者ガリレオ・ガリレイが『新科学対話』(1638) の中で書いていることであるが、彼はまた「自然数 $1, 2, \cdots, n$ の中の平方数の割合が、n を大きくするにつれて小さくなってゆく」($n = 100$ のときは 10 分の 1, $n = 10000$ のときは 100 分の 1) ことをも指摘し、「無限にあるものの間では、どちらの個数が大きいとか等しいということをいってはいけない」と述べている。こういう慎重な態度は称賛され受け継がれていたので、カントルが無限どうしの比較を公表したときのショックと反発はトーゼン、きわめて強烈であった。

とに気が付いた。そこで「集合」という言葉と集合に対する基本的な操作を定義し、集合どうしの比較を行い、さらに「集合の集合」や「集合の集合の集合」などなど、まで考えを進めた。

ある「ものの範囲」を考えるだけなら先駆者はいた。たとえば「概念(名辞)にあてはまるものの範囲」(外延)を考えるのは大昔からのことで、スイスの数学者オイラー (L. Euler, 1707-1783) はその図解法を示している (図 3.5)。自然数と平方数 (ある数を平方、つまり 2 乗して得られる数、$1, 4, 9, 16, \cdots$) との個数の比較を論じたガリレオ (ガリレオ・ガリレイ G. Galilei, 1564-1642) の名前を挙げてもよい (図 3.6)。しかし「集合の集合」をも含む一般の集合を考え、基本的な記号法をきめて、集合一般の世界に

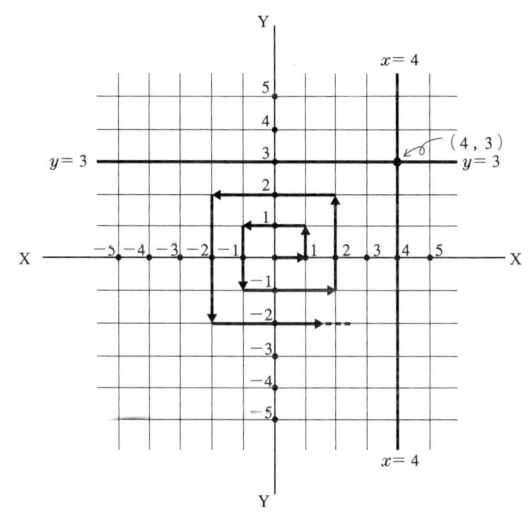

図 3.7 格子点と自然数

平面上で，x 座標が整数値であるような点（たとえば $x=3$）はタテ線，y 座標が整数であるような点はヨコ線で表される．それらの交差点——いわゆる「格子点」は，xy 座標がどちらも整数であるような点である．ところで原点から出発して，上図のように渦巻き状に進むと，

$$(0,0) \to (1,0) \to (1,1) \to (0,1) \to (-1,1) \to \cdots$$

のように，すべての格子点を一列に並べることができる．だから「すべての自然数と平面上のすべての格子点との間に，1対1で洩れのない対応をつけることができる」といってよい．

格子点 (m,n) を分数 $\dfrac{n}{m}$ に置き換え，分母が0になる場合や「同じ値の分数がすでに現れている分数」を除くと，すべての有理数（の分数表示）を一列に並べることができる．だから有理数の全体も可算である．

踏み込んでいったのは，カントルがはじめてであった．

新しい世界でカントルが発見したのは，驚くべきことの連続であった．いわゆる

　　　1対1で洩れのない対応

によっていろいろな集合を比較してみると，無限集合では

　　　全体が部分と等しくなる（きちんと対応がつけられる）

場合があること，また無限にも程度があって，小さい無限，大きな無限，もっと大きな無限，等々が存在することなどがわかった．もっと具体的にいうと，たとえば次の事実が発見された．

　①　平方数は，自然数と同じ個数だけある．

このいいかたは少し乱暴すぎるかもしれない．内容をていねいにいうと，図3.6のように

　　　平方数と自然数との間に1対1で洩れのない対応をつけることができる

ということである．もっと直観的にいえば

　　　すべての平方数に $1, 2, 3, \cdots$ と洩れなく通し番号をつけられる

ということで，そのため平方数の集合は

　　　可算無限（countably infinite）

である，といわれる．図3.7のようにすれば

　　　すべての有理数に $1, 2, 3 \cdots$ と洩れなく通し番号をつける

こともできるから，

(番号)	1	2	3	4	5	6	7	
自然数	1,	2,	3,	4,	5,	6,	7,	⋯
平方数	1,	4,	9,	16,	25,	36,	49,	⋯
素数	2,	3,	5,	7,	11,	13,	17,	⋯
格子点	(0,0),	(1,0),	(1,1),	(0,1),	(-1,1),	(-1,0),	(-1,-1),	⋯
有理数	$\frac{0}{1}$,	$\frac{1}{1}$,	$\frac{1}{-1}$,	$\frac{-1}{2}$,	$\frac{1}{2}$,	$\frac{2}{1}$,	$\frac{2}{-1}$,	⋯
記号列	a,	b,	aa,	ab,	ba,	bb,	aaa,	⋯

表 3.1 可算無限の例

自然数全体の集合 N は，もちろん可算無限である．平方数全体，有理数全体も可算無限である（図 3.6, 3.7 参照）．

2 種類の記号 a, b の有限列は，まず① 長さ（字数）の順に並べ，② 同じ長さのもの（有限個）はアルファベット順に並べると，全体を一列に並べることができる．だからこれらも可算無限である．記号の種類は 3 種類でも 300 種類でも，有限種類なら同じ考え方で全部を並べることができるから，一般に「記号列は可算無限」といってよい（ついでにいうと，「自然数の有限列」の全体も可算無限である）．

② 有理数の全体も可算無限である

といえる．可算無限はいろいろな場面でよく現れるので，いくつかだいじな例を表 3.1 に示しておいた．

このような例を見ると「自然数は無限にあるのだから，どんな無限にも通し番号をつけられてトーゼン」と思われるかもしれない．しかし「そうとは限らない」ということも，カントルが証明した．

③ 自然数より実数のほうが，個数が多い．

これは

自然数と実数とを 1 対 1 に対応させると，どうして

(a) ABとCDの
　間の対応

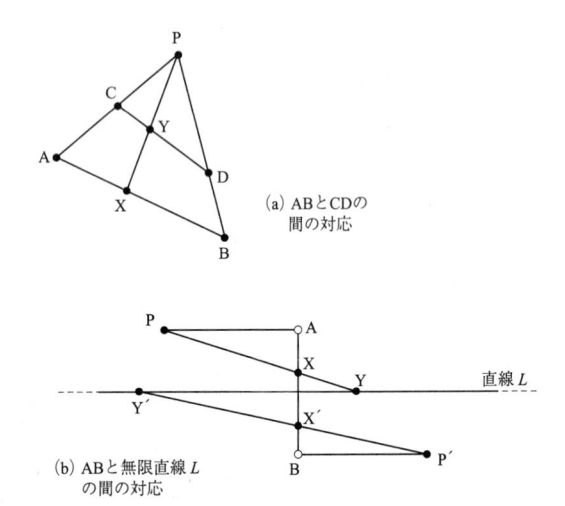

(b) ABと無限直線 L
　の間の対応

図 3.8　直線上の点の対応づけ

(a) 長さの異なる任意の有限直線（線分）AB, CD に対し，直線 AC, BD の交点を P とする．そして AB 上の点 X に，XP と CD の交点 Y を対応させると，これは AB と CD の間の「1対1で洩れのない対応」になっている．

(b) 少し工夫すると，有限直線（両端を除く）と無限直線の間にも1対1で洩れのない対応を，幾何学的につけることができる．この図をヒントに，考えてみていただきたい．

も実数のほうに対応洩れが出る
という意味である（138ページ「対角線論法」参照）．このような無限は，非可算無限と呼ばれる．

同じ意味で，次のこともいえる．

④　自然数より，自然数の集合の方が，個数が多い．

ここで「自然数の集合」とは，自然数全体の集合（以下 N で表す）だけでなく，自然数の一部分を集めた集合，たとえば「奇数の集合」，「素数の集合」，あるいは「1から7までの自然数の集合」などのすべてをさす．これらの集合はどれも，自然数全体の集合
$$N = \{1, 2, 3, 4, \cdots\}$$
の部分集合であるから，次のようにいってもよい．

④′ N の要素より，N の部分集合の方が，個数が多い．

これらは当時の数学者たちの良識を根本から覆す結果であったから，賛否両論が巻き起こったのは当然である．おそらく保守派の数学者たちは，小学校への集合論の導入にびっくりした現代の親たちよりも，もっと仰天したのではなかったろうか．特に当時の大ボス，ベルリン大学のクロネッカー（L. Kronecker, 1823-1891）は集合論を強く批判し，攻撃した——代数的整数論で大きな仕事をした人であるが，今ではむしろ「カントルを非難・攻撃した人」として知られている．しかしそのへんの事情は，次の節「集合論の陰」で扱うことにして，ここではカントルの業績が次の世代のスーパースター，ヒルベルト（1862-1943）には認められ，称賛されたことだけ指摘しておこう．ヒルベルトは集合論の記法によって，それまで直観的に理解されていた概念から，余分な夾雑物・不純物を洗い落とし，数学的概念を

　　　透明な形で定式化できる

ことを見抜き，実行した．そして最初にも引用したように，
　　カントルが創造してくれた楽園（集合論）から，
　　我々はけっして追い出されないぞ
と宣言してくれたのであった．

3.3 集合論の陰

　カントルの生涯は，幸せとはとても思えない．古い数学の枠内でそこそこの仕事をしているうちはよかったのに，本当に独創的な仕事が始まった 1874 年頃から雲行きが怪しくなり，教授になった 1879 年の少しあとぐらいから，クロネッカーの批判と「悪意にみちた個人攻撃」が激しくなった．「ベルリン大学の教授になる」という彼の夢は実現せず，ハレ大学という（ある人にいわせると）三流大学で終わることになったが，何しろ他ならぬクロネッカーがベルリン大学のボスだったのだから，仕方のないことであった．いまからおおよそ 100 年前の 1895 年にも，クロネッカーはすでに亡くなっていたのに，「カントルの仕事はドイツの数学界ではタブーとされていた」という．カントルはついに神経を病み，最後は繰り返し入院していたハレの精神病院で亡くなった．スイスにいたデデキントやフランスのエルミート，またやがてはリーダーとして数学界に君臨するヒルベルトなど，有力な支持者もいたのだし，今ならよい薬もあるからずいぶん違っていたであろうに，主観的には暗い谷間の陰から出られないままにこの世を去ったようで，気の毒なことである．彼の言葉「数学の本質は，ま

さにその自由にある」は数学者の間でよく知られているが、これは彼の万感をこめた絶叫であったろう．

しかし集合論が当時たいへんな議論を巻き起こしたのは、ただ単に「目新しいから」だけではなかった．論理的にうす気味悪い、暗い陰もたしかにあったのである．たとえば

　　　すべてのものの集合 S

を考えてみよう．「すべて」というのだから、この集合 S の中にはどんな集合の要素も洩れなく入っているはずである（ついでながら、集合もひとつの「もの」であるから、S 自身も S の要素である）．だからこれより大きな集合は存在しない．ところが

　　　どんな集合 X が与えられても、それより大きい集
　　　合 Y が存在する

ことを、他ならぬカントル自身が証明した[3]．だから S よ

---

3) ここでいう「集合 Y が集合 X より大きい（要素の個数が多い）」とは、正確には次のように定義される．
　　　X の要素に Y の要素を対応させるどんな関数でも、Y のすべての要素を洩れなく対応させることはできない（どうしても Y の側に対応洩れが生じる）．
　参考までにカントルが証明したことを、簡単に説明しておこう．
　定理（カントル）　X のすべての部分集合の集合を Y とすると、Y は X より大きい．
　証明は一種の対角線論法でできるが、むずかしくなるので省略する．なお前に紹介した事実 ④ は、この定理で $X = N$ とおいた、特殊な場合である．

り大きな集合も存在するはずなのに，S 自身の定義から，そんな集合はありえない！——これをカントルのパラドックスという．

このようなパラドックスがきっかけになって，「数学の危機」が叫ばれ，数学のさらに厳密な基礎づけについて議論が深められた．だから集合論は，前の節で述べたように「便利な記法を提供した」という積極的な面だけでなく，「議論を引き起こした」という消極的な面でも，数学それ自身の分析・研究に大きな貢献をしてくれた．しかも，いまの時点でふりかえってみると，集合論のパラドックスは集合論だけの弱点ではなく，数学の中にもともと隠されていた弱点を明らかにしてくれたのであった．だから「消極的」どころか，「実に決定的な貢献をしてくれた」といってよい．

集合論のパラドックスは他にもあるが，イギリスの数学者バートランド・ラッセル（B. A. Russell, 1872-1970）が 1901 年に発見した次のパラドックスは特に重要である．

「自分自身を要素として含まないような集合」を全部集めた集合を R とする．この定義から当然，任意の集合 X について
　　（☆）　X が R の要素である
とは
　　（★）　X が X の要素でない

のと同じことである．

　では R 自身は，この集合 R の要素だろうか？　上の（☆）と（★）の X のところに R をあてはめると
　　（☆）　R が R の要素である
とは
　　（★）　R が R の要素でない
のと同じことである，となってしまい，避けようのない矛盾が発生する．

　これをラッセルのパラドックスという（ドイツの数学者ツェルメロも同じ頃，同じパラドックスを独立に発見していたという）．
　なお「(☆) と (★) とは同じことである」を，ふつう
　　X が R の要素である　⇔　X が X の要素でない
のように書く（記号 ⇔ は「真偽が一致する」ことを表し，論理的同値と呼ばれる）．すると，X に R をあてはめた結果は
　　R が R の要素である　⇔　R が R の要素でない
と書くことができる．この記法は話の要点を短く書けるし，慣れると便利なので，これからときどき利用する．
　もっと簡単なパラドックスはないのだろうか．数学の外でなら，いくらもある．古くから知られていたのは，次の「ウソつきパラドックス」である．

　　クレタ人のうちのある預言者が

「クレタ人はいつもウソつき」（たちの悪いけもの，なまけ者の食いしんぼう）
  といっているが，この非難はあたっている．
（新約聖書「テトスへの手紙」第1章より）

　この預言者の言葉はウソだろうか，本当だろうか？　本当だとすれば，クレタ人である彼自身も「ウソつき」で，この言葉は信用できない．またウソだとすると，「ウソつき」が事実ウソをついているのだから，これは本当のことを言っている……？

　「クレタ島の預言者」とはエピメニデスともいわれ，そのためこの小話を「エピメニデスのパラドックス」と呼ぶ人もいる．なおエピメニデス（Epimenides）は紀元前6～7世紀頃クノッソスに生まれたクレタ人で，偉大な詩人とも非常な予知能力をもった預言者ともいわれ，ギリシャ人の間で「神に特別に愛された者」とみなされていたという．154歳，あるいは299歳まで生きたともいわれるから，これはもう伝説的神仙である．

　ところでウソつきといっても，ウソばかりついているとは限らない．3回に1回もウソをついていたら，ふつうは立派な大ウソつきであろう．そうだとすると，この預言者は「ウソつきなのだけれど，このときは本当のことをいった」と考えれば，これはちっともおかしくない話で，パラドックスでも何でもない．

　避けようのないパラドックスは，これを次のように変形

すると現れる．

　　　　この枠の中に書いてあることはウソです．

「上の枠の中に書いてあること」を P とすると，明らかに

　　「P が正しい」とは「P がウソである」ことを意味する，

さっきの記号で表せば

$$P \text{ が正しい} \Leftrightarrow P \text{ がウソである}$$

となり，ラッセルのパラドックスと同じような「悪しき循環 (vicious circle)」になる．これが現代の，鋭い形での「ウソつきパラドックス」である．

ウソつきパラドックスを予防するには，どうすればいいのだろうか．このパラドックスの中核は，真でも偽でもありえない「病的な文」(pathological sentence) である．そんな文には論理の法則が通用しないので，そのような文を数学の中からは締め出したい．しかし「出ていけ！」といっていなくなる相手ではなく，我々の安全対策の問題なので，まず

　　文の真・偽はどのようにしてきまるか

から考え直してみよう．はじめに

　　「彼女はアメリカの女の子である」

という文はどうだろうか．この文の真・偽がきまるためには，まず主語である代名詞「彼女」が誰をさしているのかを，はっきりさせなければならない．それが誰だかまったくわからないのでは，上の文の真・偽がわかるわけがない．また「誰であるか」さえわかれば，その人がアメリカの女の子であるかどうかもきまる．オズの国に行ったドロシーならたしかにアメリカのカンザス州の女の子であるし，うちの娘なら日本人である——というように，上の文の真・偽は事実に照らして判定できる（すぐにはわからないから身分証明書のコピーを取り寄せて，なんて場合もあるかもしれないが，「アメリカ国籍を持つか否か」は少なくとも規則上は確定している）．だから次のように要求するのは「安全上望ましい」といえよう．

① 数学の中で使う文は，その文の中のすべての語句が，その意味を確定できるものでなければならない．

「勇敢である」とか「かわいい」など，判定基準があいまいな語句を使ってはいけない．また代名詞を使うのはかまわないが，それが何をさすかがはっきりするまで，真・偽は確定できないかもしれない．

次に

(A) 文Bは正しい

はどうだろうか．この場合も，一種の代名詞「文B」が何をさしているかが問題で，それさえわかれば，その文Bが

事実正しいか否かによって文Aの真・偽が確定する．指示されている文Bが

　(B)　文Cは正しい

であれば，判定はさらに持ち越されて，文Cが事実正しいか否かできまる．例外は，文Cが

　(C)　文Aは正しい

のように，判定の根拠をもとの文Aに戻してしまう場合である．このような場合は，どの文も実質的な意味を失い，真か偽かの「事実による判定」はできなくなる．

　これは3つの文の間の循環であるが，ひとつの文に圧縮して

　(A′)　この文A′は正しい

という，やはり無意味な文を作ることもできる．心やさしい人は

　「自分で正しいといっているのだから，正しいとみていいだろう」

と思うかもしれないが，政治家が

　「私はウソは申しません」

といったとき，ものをいうのはふだんの信用なので，この言葉だけから正しいと信じるのは，論理的とはいえない．

　上の文 (A′) を一般化して，

　(A″)　この文A″は……である

にしてみよう．すると当然，

　　　　文A″が正しい　⇔　文A″は……である

ということになる（記号 ⇔ は「真・偽の一致」を表す）．

そこで "……" のところを意地悪く "誤り" にしてみると，病的な文

　(A″)　文 A″ は誤りである

が現れる．実際，これでは

　　　　文 A″ が正しい　⇔　文 A″ は誤りである

ということになってしまうので，これは前の

　　　「この枠の中に書いてあることはウソです」

とまったく同じ型の矛盾である．

このようなことがあるので，前の要求 ① を，次の ② によって補強しておこう．

　②　数学の中で使われる文は，自分自身を直接または間接に指示する語句を含んではならない．

ある文あるいは語句が，直接または間接に自分自身を指示することを，「自己言及」(self-reference) という[4]．これを利用すると無意味な文やパラドックスを手軽に作れるので，できれば排除したい．実際，自己言及を禁止することによって，たくさんのパラドックスを追放することができ

---

[4]　ここでいう「自己言及」とは「ある言葉がその言葉自身に言及する」ことであって，人間が自分について語ることは含まない．「私は……」というのがかりに怪しげな言明であるとしても，数学の定理の中では使われない文であるし，特に禁止する必要はない．ついでながら，「自己言及を含むパラドックスの例を挙げよ」という私の試験問題に対するある女子学生の解答：
　　　「美人は損をする」
　きっときれいな子なのでしょうが，私の講義をきいていなかった……

る．

　集合論のパラドックスの予防対策に移ろう．ウソつきパラドックスを予防するための要求が，参考になりそうである．まず

　①　集合 X を確定するためには，そのすべての要素が確定していなければならない．

というのは当然であろう．また

　②　集合 X の要素の中に，集合 X が確定しないときまらないもの（たとえば集合 X それ自身，集合 X を要素として含むある集合，等々）があってはならない．

というのも無理のない要求である，と思われる．これらを確実に守るために，ラッセルは次のような手堅い安全対策を提案した．

　まず理論全体の基礎となる，基本的な対象の集合（たとえば自然数の集合）を D とする．D の要素（たとえば 1, 17, 365, …）を 1 階の対象という．

　さて D の上で，次のような集合だけを公認する．
　(1)　D の要素の集合——これを 2 階の対象という．たとえば 7 以下の奇数の集合
$$\{1, 3, 5, 7\}$$

や，偶数の集合，素数の集合などはみな，2階の対象である．

(2)　2階の対象（集合）を要素とする集合——たとえばふたつの集合

$$\{1, 2\} \quad \text{と} \quad \{1, 3, 5, 7\}$$

を要素とする集合

$$\{\{1, 2\}, \{1, 3, 5, 7\}\}$$

のことで，これを3階の対象という．

(3)　3階の対象（集合の集合）を要素とする集合——これを4階の対象という．

………………

(n)　$n-1$ 階の対象を要素とする集合——これを n 階の対象という．

階数 n は任意の自然数である——いくら大きくてもよいが，有限でなければならない．集合をこの範囲に限れば，上の条件 ①，② は確実に守られる．これをラッセルの階型理論 (type theory) という．

階型理論に従うと，「すべての集合の集合」などは認められない．単純な表現なのでわかりやすいように見えるが，よく考えてみると，「まだ定義されていない集合」や「将来生まれるかもしれない集合」など，いろいろな不確定要素をも「すべて」含んでしまうので，実は非常にあいまいなものである．だからこれを認めないのは当然であるし，認めなければカントルのパラドックスは消え失せる．またラッセルのパラドックスを引き起こした集合

「自分自身を要素として含まないような集合」を全
　　部集めた集合 R

も「どの階の対象を集めるのか」が指定されていないので，これも認められない．だからラッセルのパラドックスも予防される[5]．

　ついでながら集合の階層に相当する，言葉の階層を考えることもできる．まず我々がふつうに使っている言葉，たとえば

　　雨，犬，美しい，描く，思う，か，きっと

などを，「1階の語」ということにしよう．そして1階の語を指示する言葉，たとえば

　　名詞，形容詞，動詞，自立語，付属語

などを，2階の語という．さらに，2階の語を指示する語を3階の語という．たとえば「品詞」などは3階の語と考える

---

[5] それでは
　　　「自分自身を要素として含まないような3階の対象」を全
　　　部集めた集合 R
を考えたらどうなるだろうか．すると R は3階の対象であり，任意の2階の対象（集合）S について
　　　S が R の要素である ⇔ S は S の要素でない
が成り立つ．前はこの S に R を代入したために矛盾が発生したのであるけれど，今度は S は2階の対象を表しているので，そこに3階の対象 R を代入することは許されない．だからラッセルのパラドックスは起こらない．
　　なおパラドックスを防ぐための工夫はほかにもいろいろあり，階層の区別をしない集合の理論も提案されている．

ことができる．

　言葉の階層をあいまいにしておくと，ちょっとしたパラドックスが起こる．たとえば

　　　　動詞は動詞である

といえば，これは「X は X であって，それ以外の何ものでもない」という意味では典型的な「同語反復」で，もちろん正しい．だから

　　　　動詞は動詞でない

は誤り——かというと，これは「"動詞"という言葉は名詞であって，動詞ではない」という意味でなら正しい．これは「ある文とその否定とが，両方とも正しい」という病的な文の例である（!?）．

　このように奇妙なことが起こったのは，動詞という言葉が「描く，思う」などなどを指す2階の語なのか，それとも「"動詞"という2階の言葉，それ自身」をさす3階の語として使われたのかがあいまいだったためである．「それ自身」を指す場合には，引用符 " " で囲んで，

　　　　"動詞"は動詞でない

と書いておけば，はっきりしてよかった．

　そういえば試験のときに，黒板に大きく

　　　　答案用紙に　名前　を忘れずに書くこと

と書いたら，答案用紙に"名前"とだけ書いて，本人の名前を書いてくれなかった学生さんがいた……（階層の誤解？　いたずら？？）

　2階以上の言葉の体系は，普通の言語について語るため

の言語である．そのような言語を超言語（メタ言語，metalanguage）といい，もとの（語られる側の）言語を対象言語という．「メタ」(meta) とはギリシャ語で「あと」(after) という意味の言葉であったが，数学や言語学ではこのように「上位の階層の」という意味で使われることが多い[6]．

3.4 根拠を求めて

ラッセルの安全対策で，それまでに発見されたパラドックスは一応回避された．しかしそれで万事解決，
　　「数学は絶対に安全確実」
といえるのだろうか．また新しいパラドックスが現れて，数学の基礎をゆるがしたりはしないのだろうか．この問いに対して，3つの対立する思想が現れ，1910〜1920年代に激しい論争があった．そのうちのひとつが，ラッセルの通称「論理主義」である．

ラッセルは，最も確実で信用できるのは論理である，と考えた．論理を信用できなければ，そもそも議論ができな

---

[6] 「メタ」(meta, あと) にこのような意味が生まれたのは，アリストテレスの講義草稿を整理したロドスのアンドロニコス（Andronicus, 紀元前1世紀の哲学者）が，自然学 (physics) のあと (meta) に哲学・神学をおいたことから，「自然の諸原理を越えた，最高の原理を扱う学」を "metaphysics" と呼ぶようになったことに由来している．なお "metaphysics" はふつう「形而上学」（けいじじょうがく）と訳されるが，この漢語の出典は『易経』であるという．

い．だから論理を基礎として，その上に数学を建設すればよい．「論理学は数学の青年時代であり，数学は論理学の壮年時代である」というのが彼の標語で，師の数学者・哲学者ホワイトヘッド（A. N. Whitehead, 1861-1947）と協力して，大著『プリンキピア・マテマティカ（数学的原理）』(1910〜13) の中で実際に論理学から数学を構築する試みを実行した．

ついでながらラッセルというのはおもしろい人で，イギリスの伯爵家に生まれ，数理論理学で活躍したほか，筋金入りの平和運動家で，第一次世界大戦のとき徴兵制に反対してケンブリッジ大学の職を失ったことがある (1916)．哲学者としても一流であるが，政治・教育・人生についての多数の評論があり，1950 年にはノーベル文学賞を受賞した．アメリカのベトナム戦争に反対して，若者とデモに参加し，警官を手こずらせた，という逸話もある．

一方オランダの数学者ブローエル（英語ふうにブラウアーと呼ばれることが多い：L. E. J. Brouwer, 1881-1966）は，「直観的理解の裏付けのない論理は信用できない」と主張し，直観に基礎をおく「直観主義」を提唱した．彼のいう「直観」はなかなかきびしいもので，たとえば排中律

　　「〜である」かまたは「〜でない」かの，どちらかが成り立つ（どちらでもない中間的な場合はありえない）

は，無限の対象にかかわる場合には「使用を禁止すべきである」とされる．ここはわかりにくいと思うので，もう少

し説明しておこう．

典型的な問題は，
　　「ある性質をみたす実数が存在する」
ことを証明するときに発生する．対象が有限個なら，それらをひとつずつ全部調べれば，「存在するか否か」が確定する．しかし実数は無限にあるから，ひとつずついくつかを調べることはできても，「全部を調べ尽くす」ことはできない．そこで次のような方法が使われる．

　(1)　そういう実数を，具体的に提示する．

　実物が目の前にあれば，文句はあるまい．それができないときには，次の方法がある．

　(2)　そういう実数が「存在しない」と仮定して，矛盾を
　　　導く．

クロネッカーもそうであったが，ブローエルはこの (2) を「直観的な基礎がない」として退けた．具体的に提示されてはじめて直観的理解が得られるので，ただ抽象的に「存在しないはずがない」といっただけでは信用できない，というのである．これはユークリッドが考えていたことでもあり，だからこそ彼の公理1が「直線の存在」ではなく，「直線の作図可能性」として述べられていたのであった[7]．

---

　7)　細かいことをいうと，(1) でいう「作り方」には2種類ある．
　　(1a)　その実数を有限の文字列で，たとえば $\frac{3}{7}$ のように，きっちり表現・指定する．
　　(1b)　その実数を，無限がかかわる手段（たとえば無限小数，無限級数などなど）によって構成する．
　　ついでながらクロネッカーはもっときびしく，(1b) をも否定

しかし (2)——いわゆる「非構成的存在証明」を認めないと，「存在しない」とはいえず（「存在しない」と仮定すると矛盾が出る），かといって「存在する」ともいえない（具体的に構成することができない）場合が出てくる．だから排中律は成り立たない．別の言い方をすれば，

　　「存在しない」
の否定が

　　「存在する」（具体的に構成できる）
ではなくなる．これがブローエルのいう「排中律の禁止」の核心である．

　この考え方には，ヒルベルトが猛烈に反発した．彼はすでにある有名な問題——ある特殊な性質をもつ多項式系の存在を問う問題を，(2) によってもののみごとに解決してみせたことがあった (1886 年)．その仕事はクロネッカーがまだ生きていた頃でもあり，最初は冷たく見られ，その分野で「王者」といわれた人 (P. ゴルダン，1837-1912) に「これは数学ではない，神学だ！」と罵倒されたが，「単純

した．だから彼は有理数列による無理数（$\sqrt{2}$ や円周率 π など）の定義を認めなかったが，専門用語を使ってしまうと「整係数の多項式環をたとえば x^2-2 で割った剰余類」は認めるので，$\sqrt{2}$ などいわゆる代数的数は間接的・実質的には許されることになる．彼自身がやっていた数学（代数学）では代数的数だけで用が足りたので，「自然数は神が創り給うた．その他の数は人間のでっちあげだ」とか，π の超越性を証明したリンデマンに「そんな研究が一体何になるのですか．π などという数は存在しないのに」などと平気でいえたのである．

で論理的説得力をもつ」（クラインの評）ために3〜4年のうちに広く受け入れられるようになった．その上おもしろいことに，その抽象的な存在証明がヒントになって，彼は望みの多項式系を具体的に構成してみせることができた（1892）．そして最初に罵倒した人も潔く敗北を認め，「神学にもよいところがあるということが，納得できた」といってくれた．このような経験に基づいて，彼は「((2)による，非構成的) 存在証明を放棄するのは，数学を放棄することだ」と主張した．

では「数学は絶対に安全確実といえるか」という問いに対して，ヒルベルトはどう答えたのだろうか．彼は「それは数学的な方法で解決しよう」と提案した．そのためにはまず数学を，数学的な研究の対象として扱いやすいように，きちんと形式化しておかなければならない．本書でこれまで説明してきたような公理化・体系化・形式化を徹底的に推し進め，「数学が安全確実である」ことを数学的にきちんと証明しよう──それが彼の「形式主義」の精神である．

ヒルベルトとブローエルの激しい論争には，クロネッカーのカントルいじめの後遺症もあったのか，感情的な部分が多い．しかし世界中の数学者が感情的な論争に巻き込まれたわけではなく，フランスのポアンカレなどは比較的冷静にクロネッカーやヒルベルトをからかっている．だから論争の詳細をこれ以上紹介するのはやめにして，これら3つの「主義」についての私の見解を述べてみたい．

ヒルベルト

「数学は安全確実か」というのがそもそもの問いであった．ラッセルとブローエルは，「自分の数学は安全だ」と答えた．ラッセルの数学はヘシオドスが語るギリシャ神話のように規模雄大ではあるが，やや恣意的で，「現代の神話」といわれても仕方がないところがあった．ブローエルの数学はパルメニデスやゼノンの議論のように狭く厳しい道であって，確実ではあろうが生産性がなかった．

一方ヒルベルトは，そもそもの問いを「数学的な問題として取り上げよう」とした．そしてタレスが世界の成立ちを「問題として取り上げた」ことから哲学，ひいては科学が生まれたように，ヒルベルトの提案から「超数学」（メタ数学，metamathematics）と呼ばれる新しい分野が始まった．これはヒルベルトの予想を超えた形で発展し，いまでも研究が続けられている．

もう少しつけ加えておくと，ラッセルが「論理は信用できる」と考えたのはおそらく正しいので，我々は論理を信

用せざるをえない。しかし数学のすべてを論理学に帰着させようとしたことには明らかな無理があった。たとえば無限集合の存在は、数学の問題であって、論理学の話ではない。そのためラッセルは論理学としては不自然で技巧的な公理をいくつか仮定せざるをえなかった。外の人間からみるとそのような仮定はいかにも恣意的だったので、論理主義を「論理主義者の楽園」と呼んだ人もいる（ワイルらしい）。

ブローエルが「直観の重要性」を指摘したのは大事なことであって、ヒルベルトも超数学の基礎としては同じような立場を選んでいる。しかし素朴な直観に密着したままで全数学を建設するのは不可能であって、これまでの数学の大部分が破壊されかねない。きちんとたしかめてはいないが、ブローエル自身の有名な「次元定理」や「不動点定理」が直観的に何の問題もなく証明できるかどうか、私は疑わしいと思っている。そのせいかブローエルとヒルベルトたちの論争は、ポアンカレなどに笑われながらしばらく続いたが、そのうちうやむやになって消え失せた。

ここで少しヒルベルト個人のことに触れておこう。ダーフィト・ヒルベルト（D. Hilbert）は1862年1月23日に、東プロシャの首府ケーニヒスベルク、正確にいうとその近郊のウェーラウで生まれた。ケーニヒスベルクはその昔、哲学者カントが生まれ育った町として有名であるが、現在はロシア共和国の最強の海軍基地となり、カリーニングラードと呼ばれている。少年期には、暗記ものの苦手なヒル

ベルトの才能が特に認められた形跡はなく，本人は「うすのろだった」といっているが，2歳年下のユダヤ人ヘルマン・ミンコフスキ (H. Minkowski, 1864-1909) の天才ぶりは有名であった．ケーニヒスベルク大学で数学を専攻するようになってから，この2人は親友となり，2人とも真の天才であることを業績によって実証した．ヒルベルトはやがて母校の教師となり，多くの分野で独創的・根源的な成果を挙げたが，人間的にも魅力があった人で，なりふりかまわず数学に熱中して，多くの学生に敬愛された．逸話も多く，章のはじめに引用した「ズボンの穴」の話とか，次のネクタイの話などは，私のお気に入りである．

> 客の来る時間が近づいたとき，ふと先生のネクタイを見たケーテ夫人がいいました．
> 「オー，ダーフィト，ネクタイをとりかえなくちゃだめよ．早く，早く．」
> ところがお客が揃っても，先生は現れない．ダーフィト先生，2階の寝室に行ってネクタイをはずし，何となくパジャマに着替え，そのままベッドで眠ってしまいました．
> (高木貞治『近世数学史談』岩波文庫より，字句を勝手に変えて引用)

ヒルベルトはクラインに招かれて1895年にゲッティンゲン大学に移った．ここはかつてガウス，リーマンがいた

由緒ある大学で、クラインもまた当時のドイツ数学界の指導者のひとりであった．ヒルベルトは1930年に引退するまでここで教え，その後もここに留まったが，ゲッティンゲンを若い数学者たちのメッカとし，「若いネズミたちを数学の深い河にさそいこんだ魔法の笛吹き」といわれた．しかし晩年はナチスによるユダヤ人排斥や第2次世界大戦などのため，親しい友人や弟子たちが大学を追われたり亡命したりすることが多く，彼自身が虐待されることはなかったが，あまり幸せとはいえなかった．亡くなったのは1943年2月14日，81歳の誕生日の少しあとで，ソビエト連邦軍の反攻によるドイツ軍の敗退が始まっていた．ケーテ夫人が亡くなったのはその2年後の1945年1月17日で，その年に廃墟となったケーニヒスベルクにソ連軍が突入，5月7日にドイツが無条件降伏した．日本が無条件降伏してようやく世界大戦がおわったのも，同じ年の8月15日である．

　なおヒルベルトについてはC.リードによる非常によい伝記がある（『ヒルベルト——現代数学の巨峰』彌永健一訳，岩波書店）．私にとっては高木貞治『近代数学史談』（岩波文庫）と並ぶ「感動的な話の宝庫」なので，数学に興味を持たれる方々はぜひ一読されるようおすすめしたい．

[コラム] 関係概念の集合論的記述 ▲————————————

　たとえば世界 D の中で,

　　　x は y の姉である

という関係を考えてみよう.

　　　　カズコ（長女），アキコ（次女），ナツコ（三女）

の3人が姉妹で,

　　　　タカコ（長女）とサユリ（次女）

も姉妹であるとしたら，関係「x は y の姉である」は，次のようにすべての例を列挙することによって定義できる.

　　　　カズコはアキコの姉である.

　　　　カズコはナツコの姉である.

　　　　アキコはナツコの姉である.

　　　　タカコはサユリの姉である.

しかしこれでは長くなりすぎる．少しは短く書くために，これらの文を次のようなペアにおきかえてみよう.

　　　　（カズコ，アキコ），（カズコ，ナツコ），

　　　　（アキコ，ナツコ），（タカコ，サユリ）

これらのペアの集合を Ane と名付けよう：

　　　　Ane ＝ {（カズコ，アキコ），（カズコ，ナツコ），

　　　　　　　（アキコ，ナツコ），（タカコ，サユリ）}

すると関係「x は y の姉である」は，次のように定義できる.

　　　　「x は y の姉である」とは，$(x, y) \in$ Ane のことである.

　このやりかたは，一般の関係概念に拡張できる.

さて，関数もひとつの関係概念であるから，適当なペアの集合によって表現することができる．たとえば次の集合 f を考えてみよう．

$f =$ "実数 x と $3x+2$ とのペア $(x, 3x+2)$" の集合

するとこれでひとつの関数関係（実は $y = 3x+2$）が定まる．ふつう

$$(x, y) \in f$$

であることを

$$y = f(x)$$

と書くが，それは習慣の問題であって，そう書いてもよいし，集合の記法 $(x, y) \in f$ のままで押し通すこともできる．

これは特定の関数の集合論的な表現であるが，「関数」一般を定義することもできる．まず V, W を任意の集合としよう．すると

変数値が V の要素で，関数値が W の要素であるような関数 F とは，次の3つの条件をみたす集合 F のことである．

① F は，V の要素と W の要素の，あるペアの集合である．

② どんな $v \in V$ についても，適当に $w \in W$ を選べば，
$$(v, w) \in F$$

これはすべての変数値 v に対して，関数値 w（ふつう $F(v)$ で表す）が指定されていることを要求している．

③ 任意の $v \in V$ および任意の $w, w' \in W$ について，

もし

　　$(v, w) \in F$　でしかも　$(v, w') \in F$

　ならば，$w = w'$

これはどの変数値についても，対応する関数値がただひとつであることを要求している．

このような集合を全部集めた集合（集合の集合）は，内容的には「関数」の集合で，「関数空間」などと呼ばれることがある．その呼び方はともかく，その集合（空間）$\varPhi$ の定義が次のように書ける．

　　　$\varPhi$ ＝ すべての「①,②,③ をみたすような集合 F」
　　　の集合

これで「V から W への関数」の概念が定義できた．このように定義しておくと，関数についての一般的な議論がよけいな思い込みや雑音なしに，正確にできる．それが集合論の利点である．

[コラム]　**対角線論法** ▲────────────

111 ページの ③ で述べたように，すべての自然数にすべての実数を対応させる

　　1 対 1 で洩れのない対応 h

は存在しない．この事実の証明は，なかなか手ごわい．「どんな h でもダメ」ということを示さなければならないからである．しかしカントルが考えだした「対角線論法」によ

ると,「どんな対応 h を使っても,かならず実数のほうに対応洩れが出る」ことを,わりあい簡単に示すことができる.

[証明] 自然数に実数を対応させる任意の関数を h として,関数値 $h(n)$ を十進小数で表し,n の小さい順に次のように並べてみよう(右辺は「たとえば」の話であって,これにかぎらず,どんなふうに数字が並んでいてもよい).

$$h(1) = 3.1415926535897\cdots$$
$$h(2) = -2.7182818284590\cdots$$
$$h(3) = 57.2957795130823\cdots$$
$$h(4) = 0.5771215664901\cdots$$
$$h(5) = -1.2599210498948\cdots$$
$$h(6) = 0.7727727222722\cdots$$
$$\cdots\cdots\cdots\cdots\cdots$$

右辺の小数の,小数点より左は無視して,小数点以下の桁数字,特に

　　$h(n)$ の小数点以下 n 桁め

に注目しよう.上の例では

1	*	*	*	*	*	*	*	*	*	*	⋯
*	1	*	*	*	*	*	*	*	*	*	⋯
*	*	5	*	*	*	*	*	*	*	*	⋯
*	*	*	1	*	*	*	*	*	*	*	⋯
*	*	*	*	2	*	*	*	*	*	*	⋯
*	*	*	*	*	2	*	*	*	*	*	⋯

$\cdots\cdots\cdots\cdots$

が浮かび上がる．このように対角線上に並ぶ桁数字
$$115122\cdots$$
を並べて先頭に 0 と小数点をつけると，ひとつの実数
$$0.115122\cdots$$
ができるが，さらにそこで数字を「ひとひねり」して，

　　　4 以下は 7 に，5 以上は 2 に

書きかえる（先頭の 0 はそのままでよい）．すると次のような実数 c がきまる．
$$c = 0.77277\cdots$$
これは上の小数と比較してみればすぐわかるように，$h(1), h(2), h(3), \cdots$ のどれとも異なる．たとえば $h(1)$ とはまるで違うし，$h(6)$ とも小数点以下 6 桁めが異なっている．一般に c と $h(n)$ とは，小数点以下 n 桁めが 3 以上違うはずである．だから関数 h による対応には，この数 c は出てこないので，「実数の側に対応洩れがある」ということになる．h は任意であるから，「どうやっても対応洩れが出る」ということがわかった． [証明終]

　「ひとひねり」してもやっぱり実数には変わりない点が重要で，そのため h をどう直しても，同じ論法によって「対応洩れ」の実例を示すことができる．これが有名な「対角線論法」である．

[コラム] ブローエルと排中律▲————————————

　ブローエルが排中律の禁止を主張したもうひとつの根拠は,「真・偽の判定が不可能な場合がある」ということであった.

　① 真・偽が「原理的には決まっているはずだ」といっても,人間には永久に判定できない問題もある.たとえば
　　「円周率 π の十進桁数字の中に,9が n 個以上連続
　　して現れる」
は, $n=10$ とか $n=100$ の場合には判定不可能であろう.

　② このような問題に対して,排中律を適用してはならない.

　ひらたくいえば,判定不可能な場合には
　　「現れる」か「現れない」かのどちらかである
　　と断定してはいけない
というのである.だから
　（※）　判定できない　→　原理的にきまっているとはい
　　　　　　　　　　　　えない
という大前提にもとづいている,といえる.

　①はともかく,②には私の考えでは無理がある.判定はできないとしても,言葉の意味からいって,「現れる」か「現れない」かのどちらかである,といってよかろう.神様あるいは専門家に電話すればわかることで,私がひとりで考えても永久にわからないであろうことはいくらもあり,「そういうことには個人的に,排中律を適用しない」とは私は考えない.また人類全体としても,排中律を認めるかど

うかが「時代とともに変化する」恐れがある．上の例にしても，ニュートン以前には $n=3$ か 4 でも「人間には永久に決定できない」と思えたのではないだろうか．ブローエルは $n=10$ で「人智の外」と思ったらしいが，それくらいなら今はコンピューターを使って確かめられている．実際，小数点以下 897831316556 桁めから 9 が 12 個連続して現れている（金田康正, 2002）．$n=100$ でも，確率的に考えれば（桁数字の列が一様乱数であると仮定して）「無限小数のどこかに，9 が n 桁以上連続している場所がおそらく（無数に）ある」ので，バカバカしくて誰も永久にたしかめようとしないかもしれないが，「バカバカしいから排中律を認めない」というのも奇妙なことである．

なお「判定不可能な問題がある」ということ自体は正しい．最初の ① への反論としてヒルベルトは「どんな問題でも，判定可能である」（数学に不可知論は存在しない――我々は知らねばならない，我々は知るであろう）と主張したが，これは勇み足であった．それこそのちにゲーデルが証明したことであるが，

　　　　排中律を前提としても，なおかつ真・偽が判定できない

ような文を，具体的に示せるのである（第 6 章で詳しく説明する）．

ついでながら，ヒルベルトの主張
　　　　原理的にきまっている　→　判定できる
は，ブローエルの大前提（※）と論理的には同じことであ

る．かれらは何が「原理的にきまっている」か，また何が判定不可能かについての意見が違っていて，猛烈な議論をしていたが，その根底には同じ先入観があった，ともいえる．その先入観（※）を完全に否定したのが，上で触れたゲーデルの仕事である．

　無限の対象がかかわる場合にも議論の余地がある．「存在する」が「具体的に構成できる」という意味であるとすれば，その否定「存在しない」は「具体的に構成できない」と解釈すべきである．そしてこれらの間には排中律が成り立つと思われる．「具体的に構成可能」という概念は，当時は熟していなかったが，現代では分析が進んで，構成法が無限のレベルに分けられている．まず「有限的構成」(1a)がレベル 0 で，「無限がかかわる構成」(1b) はレベル 1, レベル 2, レベル 3, …と区別される（こういう系列を複数個考える人もいる）．そして

　　　レベル n で構成できる

と

　　　レベル n では構成できない

との間には（当然！）排中律を認める．「存在する」というのは

　（ア）　ある特定のレベル n で構成できる，

　（イ）　どこかのレベルで構成できる，

　（ウ）「存在しない」とはいえない

の少なくとも 3 通りに解釈できるので，そのどれであるかをきちんと明示しないといけない．

ついでながら，狭すぎるとしても「直観主義の方法でどこまで証明できるか」はおもしろい問題なので，彼の思想を論理公理として表現した「直観主義論理」というものがあり，ゲーデルを含む有力な人々によって研究され，現代の「構成主義的数学」という分野につながっている．

[コラム] **現代数学に大きな影響を及ぼした数学者たち**■───
『岩波数学辞典』（第2版，1968）の巻末には1000人以上の数学者たちの索引がついていて，どの数学者の仕事がどのページに出ているかがわかる．そこで「誰が何カ所で引用されているか」をかぞえてみたら，トップ・テンは次のようであった．

　　　第1位　ヒルベルト（1862-1943）　　　60
　　　第2位　ガウス（1777-1855）　　　　　51
　　　第3位　リーマン（1826-1866）　　　　46
　　　第4位　オイラー（1707-1783）　　　　42
　　　第5位　ポアンカレ（1854-1912）　　　41
　　　第6位　ワイル（1885-1955）　　　　　37
　　　第7位　ブルバキ（?-?）　　　　　　　36
　　　第8位　ワイヤシュトラス（1815-1897）32
　　　第9位　コーシー（1789-1857）　　　　31
　　　同　　クライン（1849-1925）　　　　31

日本人では高木貞治先生が23カ所で，これはユークリ

ッドに並ぶ数である．なおニュートンはカントルと同じ17カ所，ゲーデルは10カ所であった．この数字がそのまま数学者の偉大さを表すわけではなく，直接的な影響の「幅広さ」の目安であるが，それにしてもスーパースターが並んでいる．上位3人が3人ともゲッティンゲン大学なのは驚きで，第6位にワイル，第9位にクラインがいるから，トップ・テンに同じ大学から5人も入ったことになる．

　[付記]　同辞典の第3版（1985）では，引用回数のトップ・テンは次の通りであった．①ヒルベルト（121）　②リーマン（83）　③ガウス，ポアンカレ（73）　⑤ワイル（66）　⑥オイラー（62）　⑦E.カルタン（61）　⑧ブルバキ（54）　⑨アルティン，ヴェイユ（50）．

第4章
証明の形式化

　　ギリシャ以来，数学を語るものは証明を語る．
　　　　　　　　　　　　　　　　　——N. ブルバキ

　　論証というからには，子供をいい負かしても意味がない．万人をも説得し，鬼神も哭かしむるものでなければならない．
　　　　　　　　　　　　　　　　——ストーン・ブレーン
　　　　　　　　　　　　（安野光雅『集合』ダイヤモンド社より）

推理する：欲望の秤でことが起る可能性を計る．
　　　　　　　　　　　　　　　　　——A. ビアス
　　　　　（『悪魔の辞典』奥田・倉本・猪狩訳，角川文庫より）

4.1 推論とは何か

オズの国の東の地方の人々は,空から降ってわいたドロシーを,魔女だと思った.どうしてかというと,彼らは次のように考えたのである.

前提:
(a1) 魔法使いか魔女だけが,白い色のものを身につける.
(a2) ドロシーは,青と白のチェックの子供服を着ている.

したがって,

結論:
(a3) ドロシーは魔女である.

このように前提から結論へと考えを進めることを,推論 (inference) という.

「魔女」といっても悪者とは限らず,ドロシーが最初に出会った「北の魔女」は,よい魔女であった.しかしドロシーは,彼らの友だちではあったが,魔女ではなく,カンザスの大草原に住んでいた,ごくふつうの女の子であった.彼らの考えの,どこが間違っていたのだろうか？

彼らの考えの最初の前提 (a1) は,彼らの間では常識であったかもしれないが,よその国から飛んできたドロシーにはあてはまらなかった.その次の前提 (a2) は正しいが,

最初の前提が間違っているのだから，その結論（a3）が間違っていても，ふしぎはない．

彼らはまた，次のような推論を行った．

(b1)　青は私たちの色である．
(b2)　ドロシーは，青と白のチェックの子供服を着ている．
したがって
(b3)　ドロシーは，私たちの友だちである．

前提 (b1) は正しく，(b2) も (a2) と同じで正しい．結論 (b3) はどうだろうか．確実に正しいといえるだろうか？——前にも述べたように，ここには論理の飛躍がある．結論 (b3) を確実に導くためには，もうひとつの前提

(b1.5)　私たちの色を身につけている者は，私たちの友だちである．

が必要で，残念ながらこれは正しくない．悪い魔女が，彼らをだまそうと，青い色のものを身につけることだって，ありうることではないか．だから前提 (b1), (b2) は正しいが，結論の正しさは保証されない——正しいかもしれないが，正しくないかもしれない．

ところでふつう推論というと，「ある事実をもとにして，他の事をおしはかること」（三省堂『大辞林』）とか「推理

によって論を展開すること」（新潮『現代国語辞典』）というように，推測とか，極端な場合にはあてずっぽうの憶測をも含むように思われる．しかし定理の証明のために使われる推論は，結論の正しさがつねに保証されるような推論——むずかしい言葉でいえば「演繹的推論」でなければならない．ここでは「演繹的」というあまり使われない言葉は避けて，「論理的推論」あるいは単に「推論」と呼ぶことにするが，いつでも

　　　　前提さえ正しければ，結論の正しさが確実に保証される

ことを要求する．上の例では，(b3)は実は正しいのであるが「推論のしかたは誤り」といわなければならない．くどいようであるが，「あたればよい」というものではない．誰かが

　　　　「さいころを振ったら，6の目が出た．だから明日の
　　　　天気はろくでもない，雪になるだろう」

といって，かりにそのとおりになったとしても，「推論のしかたは誤り」といってよいのである．

　では論理的な推論を，証明の各段階で確実に進めるには，どんなことに気を付ければよいのだろうか．次に「正しい推論のパターン」をいくつか観察してみることにしよう．

4.2　正しい推論のパターン

　推論のしかたの正しい例をひとつ挙げておこう（図4.1）．

(図: (a) ドロシーは人間である —「全員人間である」「ドロシー」「アメリカの女の子たち」)

(図: (b) ドロシーは勇敢である —「一部分、勇敢である」「ドロシー」「アメリカの女の子たち」)

図 4.1　"ドロシーは……である"か？
(c2)　「ドロシーはアメリカの女の子である」は正しい．
(c1)　「アメリカの女の子は……である」が例外なく正しいのなら，ドロシーもまちがいなく"……"である．しかし (c2) が必ずしも正しくないとき——一部分にしかあてはまらない場合，ドロシーが"……"であるかどうかは，何ともいえない．

　　(c1)　アメリカの女の子は，……である．

　　(c2)　ドロシーはアメリカの女の子である．

　したがって

　　(c3)　ドロシーは……である．

「……」のところには，「勇敢」，「臆病」，「人間」，「魔女」，

「無邪気」,「無知」などなど, どんな言葉を入れてもよい. 入れた言葉によって (c1) や (c3) が正しくなったり誤りになったりするが, 次のことだけはたしかである.

　　　前提 (c1), (c2) が正しければ, 結論 (c3) も正しい.

これこそ我々が望んでいることである. このようなとき, 前提 (c1), (c2) から結論 (c3) を導くのは

　　　正しい推論である

とか

　　　論理的に正しい

などという. 前提が間違っていたら結論の正しさはもちろん保証されないが, それは「推論」のせいではない.

アリストテレス (Aristoteles, 前384-前322) は, 上の例を一般化して, 次のように表現した (図 4.2).

　　　(M1)　すべての B は C である.
　　　(M2)　すべての A は B である.
　　したがって
　　　(M3)　すべての A は C である.

ここで A, B, C はある概念 (文法的には名詞) を表す. なお固有名詞の前では修飾語「すべての」はいらないし, 他の場合でも省略されることが多い. 上の前提 (c1) ももちろん

　　　すべてのアメリカの女の子は, ……である.

という意味であった.

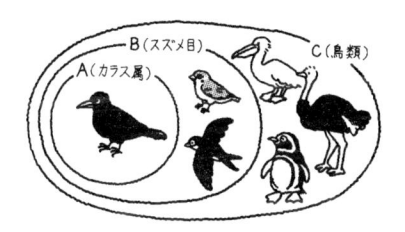

図 4.2 アリストテレスの 3 段論法

概念 A, B, C にあてはまるものの範囲(外延,集合)をオイラー風に図示したとき,上のような包含関係が成立するなら,たしかに「B は C であり,A は B であり,したがって A は C である」といえる.最も広い C を大概念,狭い A を小概念という.またその仲介をする B を媒概念という.大概念を含むより一般的な前提 (M1) を大前提といい,小概念を含む前提 (M2) を小前提という.いま「大前提」というと「行動を起したり,予想が実現したりするために,きわめて重要な前提条件」(『新潮・現代国語辞典』)という意味になるが,もとは古くからの論理学用語である.

図 4.3 2 等辺 3 角形の性質

この 3 角形のコピーを作って裏返し,AC を AB の上に重ねると,角 A は共通で AB=AC であるから,コピーともとの 3 角形とはぴったり重なる.だから角 B と角 C は等しい——これがタレスの「直観的証明」である.

前提 (M1), (M2) から結論 (M3) を導くのは 3 段論法と呼ばれ，正しい推論パターンのもっとも基本的な例である[1]．

---

[1] アリストテレスは概念（名詞）を中心にして推論の形式を分析したが，最近は文を中心に推論の表現・分析を行うことが多い．そのため概念 A, B, C は，次のような文に置き換えて扱われる．
   $P =$ "x は A である"，
   $Q =$ "x は B である"，
   $R =$ "x は C である"
するとアリストテレスの 3 段論法は，次のように翻訳される．
   P, Q, R を任意の文とする．
     (m1) すべての x について，もし Q ならば R
     (m2) すべての x について，もし P ならば Q
   したがって
     (m3) すべての x について，もし P ならば R
これが現代の 3 段論法である．

おもしろいことに新しい 3 段論法は，P, Q, R が上の形でなくても，どんな文であっても使える．"x" が文の主語でなくても，文の中に 2 回以上現れていてもかまわない．それだけ使いやすく，応用が広い．

ついでながらアリストテレスは，本文の (M1)～(M3) のように
   すべての ～ は …… である
という形の文だけでなく，
   $\left\{\begin{array}{c}\text{すべての}\\ \text{ある}\end{array}\right\}$ ～ は …… で $\left\{\begin{array}{c}\text{ある}\\ \text{ない}\end{array}\right\}$
という，4 つの型の文を考えた．2 つの前提とひとつの結論にこれら 4 つの型をあてはめると，全部で 4×4×4＝64 通りの組合せができるが，論理的に正しいのはそのうちの 6 通りだけである．その後さらに詳しい分類ができ，「256 通りのうち論理的に正しいのは 24 通り」であるとか，それらを暗記するための「覚え歌」までできたという．たとえ応用がきかなくても「考えるより覚えたほうがラク」というのは，大昔からの受験技術だったのだろうか？

ほかにはどんな推論があるだろうか．まずわかりやすい例をひとつ挙げてみよう（図 4.3）．

 （前提 d1） AB = AC
 （前提 d2） もし　AB = AC　ならば，∠B = ∠C
したがって
 （結論 d3） ∠B = ∠C

この推論は次のように一般化できる．

 P, Q を任意の文とする．
 (C1) P
 (C2) もし　P　ならば　Q
したがって
 (C3) Q

最近の本の中ではこれを「3段論法」と呼ぶこともあるが，アリストテレスの3段論法と同じ名前になってしまうので，ここでは切断 (cut) という用語を使うことにする．長い文「もし P ならば Q」から Q を「切り出す」規則なので，「切断」というのはわかりやすい名前だと思う．

変数を含む文，たとえば
$$x \times y = 1214$$
とか
 x はアメリカの女の子である

なども考えておくとよい．これらのように何の指定もついていない変数 x, y は，それをどう解釈するかがまったく自由なので，自由変数（free variable）と呼ばれる．これに対して

　　すべての x について，x はアメリカの女の子であるとか

　　ある x について，x はアメリカの女の子である

の中の x のように，解釈を限定・束縛する言葉「すべての〜について」か「ある〜について」がついている変数を束縛変数（bounded variable）という．

さて「すべての〜」を含む文については，「特殊化」と呼ばれる次のような推論がひじょうによく使われる．

　　　　（前提 e1）　すべての x について　$x + u = x$
　　　したがって，$x = e$ とおいて
　　　　（結論 e2）　$e + u = e$

これは次のように一般化できる．

　　　x を任意の変数，P を任意の文とする．また E を任意の変数，定数，または式とする．
　　　（S1）　すべての x について　P
　　　したがって
　　　（S2）　$\mathrm{Sub}[P, x, E]$

へんな記号 "Sub $[P, x, E]$" を使ってしまったが，これは
> 文 P の中の変数 x を，すべて E におきかえて得られる文

を表す（"Sub" は，代入 substitution の略である）．「すべて」の意味を考えればあたりまえの，よく使われる推論パターンである（なお細かいことをいうと，少し補足説明が要るのだけれど，大筋に関係ないので省略する）．

ちょっと変わった例も挙げておこう．以下，文 P の否定を $-P$ で表す．たとえば
> $P =$ "ドロシーは魔女である"

ならば
> $-P =$ "ドロシーは魔女でない"

ということである．さてそこで，「両刀論法」と呼ばれる次のような推論が可能である．

  (R1) もし P ならば Q
  (R2) もし $-P$ ならば R
  したがって
  (R3) Q かまたは R

ついでながら「両刀」のもとの言葉はディレンマ（ギリシャ語 dilemma）で，「ディ」は「ふたつ，両」を，「レンマ」はもともとは「角（つの）」（派生的には「補助的な命

題」)を意味している．上の論法は，「2つの角（選択肢）Q, R のどちらかを強要する論法」ということで「ディレンマ」と名付けられた．しかし今では「どちらの選択肢も望ましくない」場合に，ディレンマという言葉が使われることが多い．たとえば

$P = $ "お客のいうとおりにする",
$Q = $ "同僚に苦情をいわれる",
$R = $ "上司に叱られる"

という例について考えてみよう．当然，

$-P = $ "お客のいうとおりにしない"

ということである．これらを (R1), (R2) にあてはめてみると，次のようになる．

(R1) もしお客のいうとおりにすれば，同僚に苦情をいわれる．

(R2) もしお客のいうとおりにしなければ，上司に叱られる．

そうだとすると，「あちら立てればこちら立たず」で，

(R3) 同僚に苦情をいわれるかまたは，上司に叱られる．

のどちらかは避けられない．これが現代ふうのディレンマの，典型的な例である．

正しい推論のパターンは，ほかにもたくさんある．アリストテレスはある範囲の推論について，正しいパターンをすべてリストアップしているし，中世にはさらに多くの「正しい推論のパターン」が提案され，試験にそなえてそれ

らを丸暗記する学生もいたという．しかしそういう丸暗記はあまり意味がない．というのは，ごく少数の，基本的なパターンさえ理解していれば，他の推論パターンはすべてその組合せに置き換えられるからである．たとえば（全部ではないが）多くの推論が，適当な「いいかえ」によって，さっきの「切断」

  (C1) P
  (C2) もし P ならば Q
 したがって
  (C3) Q

に置き換えられることがわかっている．ただ「いいかえ」の説明はまだしていないし，「正しい推論とは何か」の説明はどうやら終わったので，次の話題——数学の本によく見られる，実際の推論の検討に進むことにしよう．「精密な議論と思いきや，実は穴だらけ」などというと，喜ぶ人が多いだろうか．

4.3　公理が足りない

 すでに述べたように，論理的に正しい推論を進めている限り，前提さえ正しければ，結論の正しさは保証されている．だから前提に気を付ければよいのであるが，公理系から出発して理論を展開する場合には，個々の公理は正しいと仮定してよい．だから次のことにだけ，気を付ければ十

> 公理と,それまでにすでに証明された定理だけを,
> 推論の前提として利用する.

それ以外の事柄を,勝手に使ってはいけない——これさえ守れば,正しい推論によって導かれた諸定理は,「公理がすべて正しいような世界」すなわちモデルの中ではみな正しいはずである.ところが多くの数学の本の中で,この注意が意外と守られていない.

たとえば前に扱った公理系Dにもとづく定理Dの証明を,もう一度見なおしてみよう(図 4.4).

この証明は,ゆっくり読めば誰にでも理解できると思う.けっしてむずかしくない「よくある証明」であるが,あちこちに小さなキズがあり,特に「したがって」のあとが問題である.そこでは得られる3つの等式をつないで,

$$u = u+e \quad \cdots\cdots\cdots\cdots \text{(♪)}$$
$$= e+u$$
$$= e$$

のように書き,しかもそこから

$$u = e$$

を導いているが,ここでは等号"="の性質が何回も断りなく使われている.たとえば公理 D3 から出てきたのは

$$u+e = u \quad (性質\,(2))$$

定理 D もしすべての x について
$$x+u = x$$
ならば，実は
$$u = e$$
[証明] 仮定により，x に e を代入して
$$e+u = e \quad \cdots\cdots\cdots\cdots \quad (1)$$
また公理 D3 から，x に u を代入して
$$u+e = u \quad \cdots\cdots\cdots\cdots \quad (2)$$
したがって
$$\begin{aligned} u &= u+e \quad \cdots\cdots\cdots\cdots \text{性質}(2) \\ &= e+u \quad \cdots\cdots\cdots\cdots \text{公理 D2} \\ &= e \quad \cdots\cdots\cdots\cdots \text{性質}(1) \end{aligned}$$
すなわち
$$u = e \qquad\qquad [証明終]$$

図 4.4 定理 D とその証明（再掲）

であるのに，(♪) ではその左辺と右辺を入れかえて，
$$u = u+e$$
という形で使っている——等号 "=" の意味から明らかなことではあろうが，「そういうことができる」とは公理 (D1)〜(D3) のどこにも書いてない．内容的にまちがっているわけではないし，常識的には「あたりまえ」といえることではあるが，「公理・定理以外の前提を使うな」というさっきの注意は守られていない．やかましくいえば「公理

が足りない」のである．

　等号の性質を公理の形できちんと述べるのは，そうやさしいことではない．しかし公理系 D と組み合わせて使うためなら，次の 4 つの公理で十分である．

●等号の公理系
公理 E1（反射性）　すべての x について　$x = x$

公理 E2（対称性）　すべての x, y について
　　もし　$x = y$　ならば　$y = x$

公理 E3（推移性）　すべての x, y, z について
　　もし　$x = y$　でしかも　$y = z$　ならば　$x = z$

公理 E4（ライプニッツの法則[2]）　すべての u, v, a, b に

---

2) ライプニッツ（G. W. Leibnitz，ドイツの哲学者・数学者，1646-1716）の法則とは，一言でいえば「等しいものどうしは自由に置き換えてよい」という法則で，たいていの本の中で，当然のこととして断りなく使われている．これは一般的には次のように述べることができる．

　　　文 P が正しくしかも $E = F$ であるならば，
　　　　文 P の中にある E のいくつか（全部でなくてもよい）
　　　　を，F に置き換えて得られる文
　　も正しい．

これを使うと他の公理から公理 E4 を，次のようにして導くことができる．まず反射性（公理 E1）から，x に $u+v$ を代入して
$$u+v = u+v$$
であるが，これを「文 P」と考える．もし $u = a$ ならば，右辺の記号 u を記号 a に置き換えて
$$u+v = a+v$$
が得られる．さらに，もし $v = b$ ならば右辺の v を b に置き換えて，

ついて，
　　もし　$u = a$　でしかも　$v = b$　ならば
　　　　　　　$u+v = a+b$

　数学の本にはよく「群の公理系」や「ベクトル空間の公理系」などが書いてあるけれど，等号の公理系はいつも省かれている．私は長いことそれに慣れていて，省かれていることすら気が付いていなかったが，そういう数学者はけっこう多いんじゃないかと思う．

4.4　論理体系の構築

　省かれているのは等号の公理系だけではない．ある意味でもっと基本的な論理の法則は，ほとんどいつも常識とみなされ，公理としては明記されていない．しかし断りなく使っているのはたしかなので，だいじな論理法則を，わかりやすいものからさきにいくつかお眼にかけよう．しかしかなり技術的な部分に入るので，ここから先は適当に飛ばして，第5章に進まれてよい．

　P, Q を任意の文とする．また P の否定を $-P$ で表す．すると次の文はつねに正しい．
　　（ア）　P かまたは $-P$

　　　　　　　　　$u+v = a+b$
が導かれる．ライプニッツの法則の一般形から，これらはどれも正しい．

(イ)　もし P ならば，P

(ウ)　もし P ならば，Q かまたは P

(エ)　「もし P ならば $-(-P)$」でしかも
　　　「もし $-(-P)$ ならば P」

　これらの文は「つねに正しい（真である）文」という意味で，恒真文と呼ばれる．
　（ア）は第3章にも登場した

　　　　排中律（law of the excluded middle）
である．これは「P と $-P$ のどちらかは必ず真である」という意味であるが，P が真なら問題ないし，P が偽ならその否定 $-P$ は真なので，明らかといってよいであろう．ただ，真・偽どちらともいえないようなアイマイな文や病的な文は排除しなければならない．

　（イ）は同語反復（tautology）と呼ばれ，（ア）とともに昔からよく知られている恒真文である．

　（ウ）は特に有名とはとても思えないけれど，まあ「ウソではない」ことは明らか，といっていいだろうか——P だけですでに正しいのなら，「Q かまたは P」のように選択肢をふやして，誤りになるわけがない．これには「水増し」といううまい名前がつけられている．こんな「無意味」の標本のような法則が，論理的に厳密な証明の中ではひじょうによく使われるのだから，おもしろいものである．ふだんもよく使っているのに，「あまりにもあたりまえで，使っていることさえ意識されない」ということであろうか．

(エ) は特殊な形の恒真文で,

> 任意の文 P について, P とその2重否定 $-(-P)$ とは, 正しい（真）か誤り（偽）かがつねに一致する

ということを主張している. このように真・偽が一致する文は

> 論理的に同値

であるといわれる. 以下, そのことを記号 "$\Leftrightarrow$" で表すことにしよう（第3章でも使った）. すると（エ）は

$$P \quad \Leftrightarrow \quad -(-P)$$

と書ける. 一般に,

> 「X ならば Y」でしかも「Y ならば X」

が成り立つような文 X, Y は論理的に同値（$X \Leftrightarrow Y$）である.

この同値関係は, いろいろな文の「いいかえ」に役立つ. 実際の証明でも断りなく使われることが多いので, 少しわかりにくいものもあるが, 慣れると便利な例をいくつか表 4.1 に挙げておいた. 正確に理解する必要はないが, 解説を 192 ページにつけておいたので, 興味をもたれた方はちょっと眺めて, 何なら頭の体操をしてみていただきたい.

これでようやく,「確実な証明を実行する方式」を説明できる段階に到達した.「公理系から出発する」というギリシャ人の知恵をまねて, 我々は次のようにする.

> 基本的な恒真文と, 基本的な「正しい推論」のパタ

> (1) $P \Leftrightarrow -(-P)$
> (2) もし P ならば Q
> $\Leftrightarrow$ もし $(-Q)$ ならば $(-P)$
>
> これは対偶の法則と呼ばれる．また次のふたつは，ド・モルガンの法則と呼ばれる．
>
> (3) $-(P$ でしかも $Q) \Leftrightarrow (-P)$ かまたは $(-Q)$
> (4) $-(P$ かまたは $Q) \Leftrightarrow (-P)$ でしかも $(-Q)$
> (5) P かまたは $Q \Leftrightarrow$ もし $(-P)$ ならば Q
> (6) もし P ならば $Q \Leftrightarrow (-P)$ かまたは Q
>
> 変数に関係する同値関係も挙げておこう．
>
> (7) $-($ すべての x について $P)$
> $\Leftrightarrow$ ある x について $(-P)$
> (8) $-($ ある x について $P)$
> $\Leftrightarrow$ すべての x について $(-P)$

表 4.1 役に立つ同値関係（解説 192〜196 ページ）

ーンをいくつか選び，それだけを論理的基礎として，証明を推進する．

 選ばれた恒真文を「論理公理」といい，その全体を「論理公理系」という．また選ばれた推論パターンを「推論規則」といい，論理公理と推論規則をあわせた全体を「論理体系」という．参考までに，論理体系のひとつの例を表4.2に挙げておいた．

 数学の体系は，論理体系の上に構築される——論理公理にほとんどの場合等号の公理系を加え，それにさらに数学

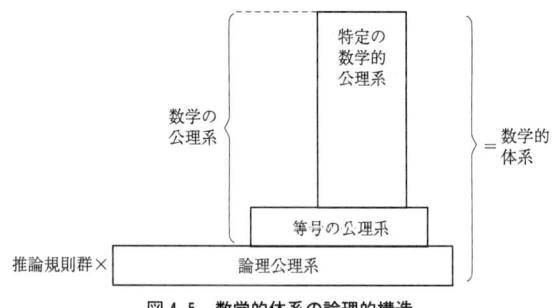

図 4.5　数学的体系の論理的構造

的な内容を盛り込んだ特定の公理系，たとえば公理系Ｄ（あるいは群論の公理系，ベクトル空間の公理系，等々）をつけ加える（図 4.5）．それらの全体が出発の土台で，そこから定理の証明を，その論理体系で許されている推論規則によって進めてゆく．要点をおおざっぱにいえば，

　特定の数学的体系＝
　　　（論理公理系＋等号の公理系＋特定の数学的公理系）
　　　×推論規則

という気分である．

ところで公理とは「最初に正しいと仮定された文」であり，推論規則とは「古い文（前提）から新しい文（結論）を導きだす方法」のことであるから，これらは材料と道具，あるいは野菜とコックさんのようにレベルが違う，まったく別の概念である．しかし「わかりやすいように」と短い文で推論規則の説明をすると，紛らわしい場合が出てく

以下 U, V などは，任意の数学的な文を表す．

[論理公理系]

公理 L0（同語反復）　　　U ならば U

公理 L1（水増し）　　　U ならば「V または U」

公理 L2（分配法則）

　　　（U または「V ならば W」）ならば

　　　（「U または V」ならば「U または W」）

公理 L3（対偶の法則）

　　　「$(-V)$ ならば $(-U)$」ならば「U ならば V」

公理 L4（「または」の交換）

　　　「U または V」ならば「V または U」

公理 L5（ド・モルガン 1）

　　　$(-$「U でしかも V」$)$ ならば

　　　「$(-U)$ かまたは $(-V)$」

公理 L6（ド・モルガン 2）

　　　「$(-U)$ かまたは $(-V)$」ならば

　　　$(-$「U でしかも V」$)$

公理 L7（よい名前，募集中）

　　　「U かまたは V」ならば「$(-U)$ ならば V」

公理 L8（L7 の逆）

　　　「$(-U)$ ならば V」ならば「U かまたは V」

公理 L9（変数の特殊化）

　　　（すべての x について U）ならば $\mathrm{Sub}[U, x, E]$

ここで E は任意の定数，変数，または式を表す．記号 $\mathrm{Sub}[U, x, E]$ は

　　　文 U の中の変数 x を，すべて E に置き換えて得られる文

を表すのであった（157 ページ）．だから公理 L9 を一言でい

えば,「変数に式を代入してよい」ということである.

公理 L10("すべて"の分配法則)

(すべての x について「U ならば V」) ならば
(「すべての x について U」 ならば 「すべての x について V」)

公理 L11("すべて"の水増し)　Z は自由変数 x を含まない文であるとする.

Z ならば (すべての x について Z)

公理 L12(ド・モルガン 3)

($-$「ある x について U」) ならば
「すべての x について ($-U$)」

公理 13(ド・モルガン 4)

「すべての x について ($-U$)」 ならば
($-$「ある x について U」)

[推論規則群]

推論規則 1(切断)

ふたつの前提

(C1)　U

(C2)　(U ならば V)

から,結論

(C3)　V

を導くことができる.

推論規則 2(一般化)

前提

(G1)　U

から,結論

(G2)　すべての x について U

を導くことができる.

表 4.2　**論理体系 L**(解説 197〜198 ページ)

る．たとえば「切断」，すなわち
　　　前提
　　　　(C1)　P,
　　　　(C2)　P ならば Q
　　　から，結論
　　　　(C3)　Q
　　　を導いてよい

という規則を，ひとつの文にまとめて

　　(C)　もし P でしかも「P ならば Q」ならば，Q

といってしまうと，「コックさん（推論規則）の働き」が見えなくなってしまう．ところがこの文（C）は，内容的に正しい文であるためにかえって「切断」と混同されやすく，プロの卵でも「これを公理にすればいいんじゃないか」と思った人がいる．

　文（C）と推論規則「切断」との違いをはっきりさせるために，具体的な例をあてはめて考えてみよう．たとえば

　　　$P =$ "犬が西を向いている"，
　　　$Q =$ "犬のシッポは東を向いている"

とすると，どうなるだろうか．コックさん「切断」は，材料

　　　(C1)　犬が西を向いている，
　　　(C2)　犬が西を向いているならば，犬のシッポは東を向いている

から，新しいお料理

　　　(C3)　犬のシッポは東を向いている

を作ってくれる．一方，上の文 P, Q を文 (C) にあてはめてみると，

> もし犬が西を向いていてしかも「犬が西を向いているならば犬のシッポは東を向いている」ならば，犬のシッポは東を向いている．

という長い長い文ができるだけで，かんじんの結論

> 犬のシッポは東を向いている

は出てこない．

「そんな結論は，意味を考えればあたりまえじゃないか」という人も，きっとおられるであろう．それはそのとおりなのだけれど，意味を考えれば結論 (C3) は (C1) と (C2) から明らかで，推論規則など知らなくてもいいし，文 (C) も要らない．わざわざ推論規則「切断」をとりたてていうのは，

> 意味を考えなくてもできる

ようにするためであって，その趣旨は

> 前提の一部 Q を切り離して，結論としてよい

ということである．一方そのことは，文 (C) にはまったく含まれていない．だからやはり，切断を文 (C) に置き換えるわけにはいかないのである．

4.5 証明の形式化

表 4.2 に示した論理公理 (168 ページ) は，数はそう多くないが，最初の 8 個の公理からだけでも，びっくりするくらいたくさんの事柄が証明できる．基本的な例を証明ぬき

> **定理1** P かまたは $-P$
> **定理2** $-(-P)$ ならば P
> **定理3** P ならば $-(-P)$
>
> これと定理2とを合わせて, $P \Leftrightarrow -(-P)$ がわかる.
>
> **定理4** (公理 L3 の逆)
> $\quad\quad (P$ ならば $Q)$ ならば $(-Q$ ならば $-P)$
> **定理5** (「ならば」の水増し)
> $\quad\quad P$ ならば $(Q$ ならば $P)$
> **定理6** $(P$ ならば $(Q$ ならば $R))$ ならば,
> $\quad\quad ((P$ でしかも $Q)$ ならば $R)$
> **定理7** (「ならば」の分配)
> $\quad\quad (P$ ならば $(Q$ ならば $R))$ ならば
> $\quad\quad ((P$ ならば $Q)$ ならば $(P$ ならば $R))$
> **定理8** (「でしかも」の交換)
> $\quad\quad (P$ でしかも $Q)$ ならば $(Q$ でしかも $P)$
> **定理9** P ならば $(Q$ ならば「P でしかも Q」)
> **定理10** $(P$ ならば $(Q$ ならば $R))$ ならば
> $\quad\quad (Q$ ならば $(P$ ならば $R))$
>
> なおこれらの定理はすべて, 公理 L0〜L8 と推論規則1だけで証明できる (けっしてやさしくはないので, うっかり深入りしないほうが安全である).

表 4.3　基本的な定理の例

で表 4.3 に掲げておいたが,「形式的な証明」のある程度正確なイメージをつかんでいただくために, 証明の例もいくつかお目にかけよう. 以下, たとえば

$\quad P = $ "ストーン・ブレーン博士はイギリスの科学者

である",
$Q=$ "ヒルベルトはドイツの数学者である"
など，任意の文 P, Q を考える．

定理1 P かまたは $-P$

これは前にも述べた恒真文「排中律」である．これは我々の論理体系L（表4.2）の公理には入っていなかったが，次のようにして証明できる．

［証明］　①　$-P$ ならば $-P$　……公理 L0
　②　「$-P$ ならば $-P$」ならば「P かまたは $-P$」
　　　　　……公理 L8
　③　P かまたは $-P$
　　　　　……①,② から，推論規則1（切断）による
　　　　　　　　　　　　　　　　　　　　　　［証明終］

なお ① は公理 L0 の文字 U に具体的な文
　　$-P=$「ストーン・ブレーン博士はイギリスの科学
　　　　　　者でない」
をあてはめた形であるが，これも公理 L0（の特殊な形）とみなす．逆にいうと，ひとつの一般形，たとえば
　　U ならば U
は，無限個の具体的な公理
　　P ならば P,

$-Q$ ならば $-Q$，

　　（$-P$ かまたは Q）ならば（$-P$ かまたは Q），

等々を含んでいることになる．そのため，一般形「U ならば U」のほうを，「公理のモト」という意味で「公理図式」(axiom schema) と呼ぶ人もいる．

次の例も基本的である．

定理 2　$-(-P)$ ならば P

［証明］　さっき証明した定理 1 から出発する．

① P かまたは $-P$　……定理 1

② （P かまたは $-P$）ならば（$-P$ かまたは P）
　　……公理 L4

③ $-P$ かまたは P
　　……①，② から，切断（推論規則 1）

④ （$-P$ かまたは P）ならば（$-(-P)$ ならば P）
　　……公理 L7

⑤ $-(-P)$ ならば P
　　……③，④ から，切断　　　　　　　［証明終］

定理 2 の証明などは，意味を考えれば明らかなことを「しち面倒くさくやっている」といわれそうであるが，ともかくこれが「形式的証明」の見本であって，証明として正しいかどうかが

　　　意味を考えなくてもわかる

のが取りえである．実際，定理 2 の証明として上に例示し

た文の列 ①〜⑤ が「証明として正しい」かどうかは，公理と推論規則に照らして，

　　① はほんとうに公理 L0 の形をしているかどうか，
　　③ はほんとうに ① と ② から推論規則1で導かれるか，

などなど，どれも形（form）の上での合法性だけで判定できる．それが形式的（formal）といわれる理由であった．

　一般に，形式的証明（formal proof）とは文の列
$$P_1, P_2, P_3, \cdots, P_n$$
であって，次の条件をみたしているものをいう．

　1) 最初の文 P_1 は公理である．
　2) どの文 P_i も，公理であるかまたは，それより前の文のどれかから推論規則によって導かれる．

　このようにして導かれる結論 P_n を，定理（theorem）という．

　なお条件1），2) の中の用語「公理」は，少し拡げて「公理または定理」に置き換えてよい．しかし必要ならいつでも利用した定理の証明を補って，公理だけから出発する正式の証明に書きなおせる．技術的にはもっと拡げて，いろいろな仮定を含めても，「公理だけから出発する正式の証明」に書きなおせることがわかっている．

　また1），2) の中の「推論規則」という言葉も，少し拡げて

　　　公理と推論規則から論理的に正しいことが確かめら

最初のやさしい例だけをちょっと眺めて，あとはおもしろそうなところだけご覧になればよい．
(1) 「または」(OR) の水増し：

(O1) V

から

(O2) U または V

を導く．

これは公理 L1 と推論規則 1（切断）によって次のように実現できる．

(O1) V

(O1.5) V ならば (U または V) ……公理 L1

(O2) U または V …… (O1), (O1.5) から切断による

(2) 「ならば」(IF) の水増し：

(I1) V

から

(I2) U ならば V

を導く．

(3) 対偶をとる：

(CP1) $(-V)$ ならば $(-U)$

から

(CP2) U ならば V

を導く．

(4) 特殊化する：U を文とし，E を変数，定数，あるいは式とする．

(S1) すべての x について U

から

> (S2)　$\mathrm{Sub}[U, x, E]$
> 　　を導く．
> これは前にも述べた「正しい推論パターン」のひとつで，我々の推論規則の中には入れなかったが，公理 L9 と推論規則 1（切断）から導くことができる．
> 　その他「2 重否定の消去」などもよく使われる．

表 4.4　よく使われる複合法則

　　　　れるような推論パターン
を含めてよい．そのような推論パターンを本書では「複合法則」ということにするが，よく使われる例を表 4.4 に挙げておいた．これらの法則を利用すると，多くの場合，証明をずっと短く書けるが，必要があればいつでも推論規則だけによる「正式の証明」に書きなおすことができる．

　「形式的」とは「面倒くさい」，「非人間的」などといわれる原因であり，今のところ欠点の方がめだつかもしれない．しかしこれほど主観を排除した客観的な方法を，私ははかには思い当らない．この方法によってはじめて「証明をコンピューターに自動的にやらせる」道が開けるので，そこにもこの方法の強みが現れている．

4.6　形式化の徹底

　形式化の解説は，入門書としてはここまでで十分である．しかしもう少しで体系の形式化が完成するので，さいごのひと押しの部分も少しだけ書いておこう．面倒に思わ

P, Q の真・偽に対応する「P ならば Q」の真・偽を表にしてみた（ついでに $(-P)$ と「$(-P)$ または Q」の真・偽も書いておいた）．このような表を，真理値表という．

P	Q	P ならば Q	(参考)$-P$	$(-P)$ または Q
真	真	真	偽	真
真	偽	偽	偽	偽
偽	真	真	真	真
偽	偽	真	真	真

この表から明らかに，「P ならば Q」と「$(-P)$ かまたは Q」とは，けっきょく真・偽が一致する（166 ページ「役に立つ同値関係」(6)）．

なお数学の論文の中では，つぎのような文章がよく使われる．

　　　すべての x について，「もし $x>0$ ならば $x+3>0$」

「すべての」という以上，変数 x に何をあてはめてもよいはずである．だから

　　　もし $5>0$ ならば $5+3>0$,

　　　もし $13>0$ ならば $13+3>0$

ばかりでなく

　　　もし $(-2)>0$ ならば $(-2)+3>0$

や

　　　もし $(-17)>0$ ならば $(-17)+3>0$

も正しい——そのように約束しないと，168 ページで述べた論理の法則（公理 L9，変数の特殊化）が無条件では成り立たなくなり，面倒な注釈が必要になる．

　　　前提 P が偽のときは，条件文「P ならば Q」は Q が

> 　　　　何であっても真とみなす
> という約束は，そういう面倒さを避けて，公理や定理をすっきりと記述できるようにするためであった．
>
> 　なおこの約束が「気に入らない」という学生さんのうち何人かは，次のような説明で納得してくれる．
>
> 　あるときおじさんが，「試験に合格したら，おすしをご馳走してあげよう」と約束してくれた．試験には落ちてしまったが，おじさんはそれを承知で，おすしをご馳走してくれた．このおじさんは，ウソをついたのだろうか？
>
> 　「試験に合格したのにご馳走してくれなかった」のなら，おじさんはウソつきである．しかし試験に合格しなかった場合については，おじさんは何の約束もしていない．だからおすしをご馳走しようとしまいと，ウソをついたことにはならない．だからおじさんの最初の言葉は正しかった！

表 4.5

れる方は，ところどころ眺めるだけでもよいし，この節をそっくり飛ばしてもかまわない．

A．まぎわらしい言葉の記号化

　これまでずっと「意味を考えなくてもできる」ように公理や推論規則を整備する，いわゆる「形式化」を推し進めてきた．これ以上の形式化というと，あと何が残っているのだろうか？

　「言語」が残っている．これまで我々はずっと，解説だけでなく定理の中にまで日本語を使ってきたが，日本語でも

英語でも，いわゆる日常言語にはいろいろな「思い入れ」や「ニュアンス」があって，純粋に論理的な思考の妨げになることがある．たとえば数学の論文の中で

P ならば Q

といえば，これは

「P が真であるときに Q も真」

であればよいのであって，

P が真でないときは，Q が真だろうと偽だろうと，
「P ならば Q」全体としては無条件に真

とされる（表4.5）[3]．しかし日常会話で「P ならば Q」といえば，次のようなニュアンスを含むことが多い．

① P が原因で，Q はその結果である．
② 時間的には P が先で，Q が後である．
③ P が真でないときは，「P ならば Q」は無意味である．

そのため微妙なところで，数学的に正しい推論が，一般常識からはわかりにくく，「間違いじゃないの」といわれてしまったりすることがある．そのような食違いを避けるに

---

[3] 逆にいえば

「P ならば Q」が成り立たない

というのは

P は成り立つが，Q は成り立たない

場合に限る．だからたとえば，諺

「x が律義者であれば，x は子沢山である」

をみたさない例を示そうと思ったら，前半「律義者である」はみたすが後半「子沢山である」はみたさないような人 x を見つけなければならない．

は，日常語としても使われる「ならば」という言葉をやめて，
$$P \to Q$$
のような記号を使った方がよい．これは論理主義者ラッセルの主張でもあった．

ついでにいうと「P かまたは Q」を
$$P \vee Q$$
で表し，「P でしかも Q」を
$$P \wedge Q$$
で表すほか，次のような記法が使われることがある（これらの記号を覚える必要はありません——本書では，内容を理解してほしいところは必ず日本語で説明します）．

すべての x について P ……　$(\forall x)P$
ある x について P ……　$(\exists x)P$

B. 文の形式化

日本語に頼ってきたことには，もうひとつの問題がある．それはわかりやすいため，少々あいまいなところが残っていても，見逃されてしまうことである．たとえば前に公理系を紹介したところで，公理，たとえば

公理 L0（同語反復）　　U ならば U

の中の U は「任意の数学的な文を表す」と説明されている（168ページ，表 4.2）．しかしそのような「文」とはどんなものであるか，がきちんと定義されていないため，コンピューターには「公理」を正しく取り扱うことができないし，

我々も理論の客観性・厳密性をそれほど強く主張することができない．

そこでコンピューターにもわかる数学的な「文」，すなわち「論理式」の記号的・形式的定義にとりかかろうと思うが，まずはじめに基本的な単文，たとえば

　　　ドロシーはアメリカの女の子である，
　　　直線 L は点 V を通る，
　　　$24 \times 365 = 8760$

等々をどのように記号化するかをきめておかないといけない．

簡単なのは，これまでよくそうしてきたように，これらの文のそれぞれをひとつの文字

$$P, \ Q, \ R$$

などで表す方法である．このようにひとまとめに扱われた文を，命題 (proposition) という．

単文の記号化には，よく使われるもうひとつのやりかたがある．それは，文の中の主要な名詞句，たとえば主語を変数に置き換えた

　　x はアメリカの女の子である

を，関数の記法を借りて

$$P(x)$$

のように書き表す方法である．x がドロシーであることは，x にドロシーを代入して

$$P(\text{ドロシー})$$

と書けばよい．このように変数を含む文 $P(x)$ を述語 (predicate) という[4]．

なお変数が表している未知の対象は主語でなくてもよいし，同じ文の中に複数個の変数がそれぞれ複数回あらわれていてもよい．そういう文を全部「述語」と呼ぶのはちょっと無理な感じもするが，何回も聞いている間に，私はすっかり慣れてしまった．ともかくこのやりかただと，

　　x は y を通る，

　　x を y で割った余りは z である

などが関数ふうに，たとえば

$$\text{Pass}(x, y),$$
$$\text{Amari}(x, y, z)$$

のように表される．

さて，一般に数学的な文は，基本的な単文から組み立てられた論理式によって表現される．単文の表記法がきまれば，あとはその組み立て方さえはっきりさせればよい．そうすれば，

---

4) 　　　　　　　　$P(\text{ドロシー})$
　は真であるが，

　　　　　　$P(\text{ダーフィト})$
　は偽である．このようにどの述語も，その中の変数が何であるかを具体的に指定すると，真か偽かがきまる．だから述語とは
　　変数の個々の値に真か偽かを対応させる，関数
　と考えてよい．

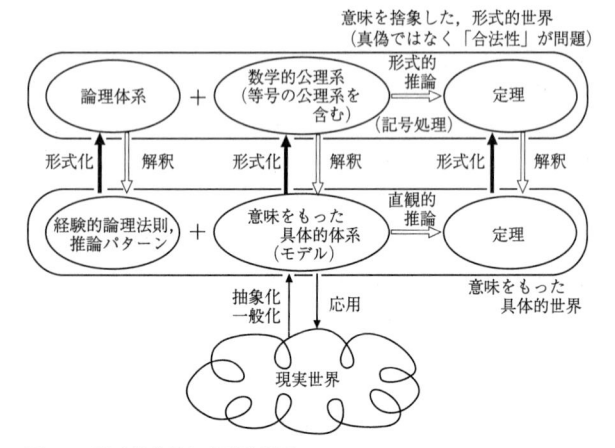

```
                                    意味を捨象した，形式的世界
                                    (真偽ではなく「合法性」が問題)
                                              形式的
          ┌─────┐   ┌─────────┐  推論  ┌────┐
          │論理体系│ + │数学的公理系 │─────→│ 定理 │
          │     │   │(等号の公理系を│      │    │
          └─────┘   │含む)      │ (記号処理) └────┘
                    └─────────┘
           ↑ ↓        ↑ ↓              ↑ ↓
          形式化 解釈   形式化 解釈         形式化 解釈
           ↑ ↓        ↑ ↓              ↑ ↓
          ┌─────┐   ┌─────────┐ 直観的 ┌────┐
          │経験的論理法則,│ + │意味をもった  │ 推論  │ 定理 │
          │推論パターン │   │具体的体系   │─────→│    │
          └─────┘   │(モデル)    │      └────┘
                    └─────────┘
                              意味をもった
             抽象化   応用      具体的世界
             一般化
                 ↓  ↑
               ┌────┐
               │現実世界│
               └────┘
```

図 4.6　形式的世界と実質的世界

　超数学の立場から，数学を分析・整理するとこの図のようになる．「論理式の形式的定義」の役割はきわめて重要で，これによって「公理とは何か」がはじめて確定する．当然，すべての公理・定理はその定義に従って記述される．そして証明が正しいか否かが，「この記号列は論理式の定義にあてはまっているか」とか「この推論は規則にあてはまるか」など，(意味内容でなく) 形の上での「合法性」(validity) の問題に帰着される．

　しかし多くの数学者は，形式的世界と実質的世界をこのように明確に分離していない．「論理式の形式的定義」など知らない数学者の方が，多いのではなかろうか．それでも論理体系 L (表 4.2) を，実質的に理解し運用することはできる．むしろそのように実質的にものを考え，直観を活かして推論を進めた方が，よい結果を生産しやすい——ただ，そういう数学者の「直観的推論」の結果が，すべて形式的言語に翻訳できるのがおもしろいところである．

「数学的な文」とは論理式のことである

と宣言することによって，論理体系L（表4.2）がようやく，形式的に確定する（図4.6——実質的には説明がすんでいて，解説まで読まれた方はよく理解していただけたと思うが，形式的には問題が残っていたのである）．

　「組み立て方をはっきりさせる」ところはかなり技術的になるが，熱心な方にはおもしろい話かもしれないので，命題から組み立てられる論理式——いわゆる「命題論理式」についてだけ，形式的な定義を書いておこう．

　まず，どんな記号を使うかをはっきりさせておく．

　使用する記号：とりあえず次の7個に限る．

　　　命題記号：　P, Q, R
　　　括弧：　　　$(,)$
　　　論理記号：　→（ならば），$-$（否定）

これらの記号から論理式をどのように組み立てるか，もっといえば

　　「どのように組み立てるか」をどのように，意味に頼
　　らずに記述するか

が問題である．次にひとつの模範解答を示そう．

定義　"論理式"とは，次のようにして構成される記号列のことである．

　　（ア）　命題記号 "P", "Q", "R" は論理式である．
　　（イ）　もし記号列 α, β が論理式ならば，記号列
　　　　　　$(\alpha \to \beta)$　および　$(-\alpha)$

も論理式である．
　　（ウ）上の規則によって論理式であることが確かめられる記号列だけを，論理式という．

　たとえば規則（ア）から，記号
$$P, \quad Q$$
はどちらも論理式である．したがって規則（イ）によって，記号列
$$(P \to Q), \quad (-P)$$
も論理式である．これらの論理式にさらに規則（イ）を適用すると，記号列
$$((P \to Q) \to (-P)),$$
$$(-(-P)),$$
$$(Q \to (P \to Q))$$
なども論理式であることがわかる．規則（イ）を繰り返し適用することによって，いくらでも複雑な論理式を構成することができる．

　なおここでは話を簡単にするため，命題記号を3つしか認めなかった．また論理記号もケチをして，
$$\to \text{（ならば）}, \quad - \text{（否定）}$$
の2種類しか認めなかったが，どちらも何個かふやすのは，簡単な修正でできる．たとえば論理記号として "$\vee$"（かまたは）をつけ加えたいのなら，規則（イ）の後半を
$$(\alpha \to \beta), (-\alpha) \text{ および } (\alpha \vee \beta) \text{ も論理式である}$$
になおせばよい．ほかの記号を追加するのも，規則の説明

が少し長くなるだけで,「やればできる」のは明らかであろう.

ここで注目していただきたいのは,この定義が論理式の意味内容にまったくかかわっていないことである.だからある記号列が「論理式であるか否か」はその記号列の形だけできまるので,その判定はコンピューターにもできる,機械的な仕事である(非・人間的であることの利点!).

なお述語論理式や

  Sub$[\alpha, \beta, \gamma]$ (α の中の β を,すべて γ におきかえて得られる記号列)

のような記号処理も,同じようなしかたで形式的にきちんと定義できるが,ずっと複雑になるので,詳しい記述は省略する.

C. 論理式の解釈

論理式は,意味とは無関係に定義されるので,意味と無関係に操作できるものである.しかし応用する段階では,個々の論理式に意味を与えなければならない.その作業を解釈(interpretation)という.ここでは論理式の真偽が確定するまでの,解釈の手順について少し述べておきたい.

命題論理式については,たとえば

  P …… ドロシーはアメリカの女の子である(真),

  Q …… クルトはアメリカの女の子である(偽)

のように,まず

1) 命題を表す記号に，具体的な文を割り当てる．
すするとそれぞれの文字の"論理値"（真・偽）がきまる．そこから

　　　　(P ならば Q) ……　上の解釈では P が真で Q が
　　　　　　　　　　　　　　偽であるから，偽

というように，

 2) 論理式の真・偽を判定する

作業を実行すればよい——その判定は機械的に"計算"できる．

　述語論理式に意味を与えるには，まず

 1) 考える対象の範囲（領域，全体集合）D を指定し，
 2) 定数記号が D の中のどの対象を表すかを指定し，
 3) 体系内で使用されている演算や関数・述語などの具体的な意味を指定する．

　ここまでが「モデルを指定する」段階である．これで論理式の真・偽が確定する——かというと，そうはいかない．今度はたとえば

$$x \times y = 1214$$

とか

　「彼女（以下 x で表す）はアメリカの女の子である」

のように，論理式（あるいは文）の中に変数（あるいは代名詞）があると，その変数が何を表すかが指定されなければ，真偽が確定しないかもしれない．

　ただ変数があっても，その変数に「すべての」とか「ある」という限定句がついているときは，話は別である．実

際，D が「世界中の子供の集合」であるとすると，
　　　「ある x について，x はアメリカの女の子である」
は正しいし，
　　　「すべての x について，x はアメリカの女の子である」
というのは，明らかに誤りである．

　これらのように，その中のどの変数にも，限定句「すべての」か「ある」かがついている論理式，いいかえれば
　　　自由変数を含まない論理式
を，ふつう
　　　閉じた論理式 (closed formula)
という．閉じた論理式 P の真偽は，モデルを指定した段階で確定するから，その段階で
　　　P とその否定 $(-P)$ のうち，どちらが真であるかも（少なくとも原理的に）確定する，と考えてよい．これは閉じた論理式の，よい特徴のひとつである．ただし「真・偽の判定」は，命題論理の場合とは違って，無限の場合がかかわるために機械的な計算ではできないことがある（図 4.7）．

　抽象的な話が続いたから，軽い蛇足をつけ加えておこう．論理的にもっとも明確なのは閉じた論理式である．では「真・偽をきめようとしてもどうしようもない文」には，どんなものがあるだろうか？

　思いつくままに並べてみると……
　　① 命令文：8 時だよ，全員集合せよ．

形式的体系

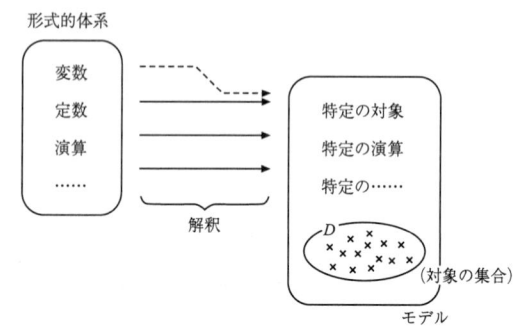

変数
定数
演算
……

解釈

特定の対象
特定の演算
特定の……

D
（対象の集合）
モデル

図 4.7　モデルと解釈

　限定句「すべて」とか「ある」がついている変数は，その意味が限定句によって"限定"されているので，それ以上の解釈の必要はない．そうでない変数（いわゆる自由変数）は，それがどの対象を表すかを特定してやらないと，論理式の真偽がきまらないことがある．なお"……"のところは，論理式の中で使ってよい関数や関係（＝, $\in$, <, $\leq$ など）を表している（論理式の定義によって，大きく変わる）．

② 疑問文：私は誰？
③ 自己矛盾を含む文：この文は正しくない．
④ 意味不明の文：あさって解釈は 3 時半で小さな缶ビールをまだ証明した．
⑤ 支離滅裂な文字列：コナルカロフニ，レコヒニフ，レカヒナコカル，ロヒレフコ．

ほかにもいろいろあるだろうから，おもしろい例をお考えいただきたい．

[コラム] **両刀論法**◆────────────

　両刀論法 (R1)〜(R3) は，詳しくは「複雑構成的両刀論法」と呼ばれ，その一般形は次のとおりである．

　　　　(R′1)　もし P ならば Q
　　　　(R′2)　もし S ならば R
　　　　(R′2♭)　P または S
　　　したがって
　　　　(R′3)　Q または R

　ここで文 S を $-P$ におきかえると，条件

　　　　(R′2)　もし $-P$ ならば R

は (R2) と一致する．また

　　　　(R′2♭)　P または $-P$

は必ず成り立つので省いてしまうと，157 ページで述べた形 (R1)〜(R3) と同じになる．

　なお，4.3 節で説明した「いいかえ」を利用すると，(R1)〜(R3) は次のように書きかえられる (166 ページ，同値関係 (5) を参照).

　　　　(R1)　$-P$ または Q
　　　　(R2)　P または R
　　　したがって
　　　　(R3)　Q または R

この形は近年，コンピューターによる定理の自動証明に応用されて，注目を集めた．この形は「導山原理 (Resolution Principle)」と呼ばれ，PROLOG というプログラミング言語の基本操作に採用されている．

[コラム] 同値関係（表 4.1）の解説◆────────

(1)　$P \Leftrightarrow -(-P)$

これは「2重否定は肯定と同じ（代替可能）」という意味で，日常的にもひじょうによく使われる法則であるのに，ぴったりした名前がない．私は「復元法則」などと呼んでみたこともあるが，どんなものだろうか．

ともかくこの同値性から，論理式の中の $-(-P)$ を P に置き換えてよい（2重否定の消去）ことがわかる．

(2)　もし P ならば Q $\Leftrightarrow$ もし $(-Q)$ ならば $(-P)$

右辺「もし $(-Q)$ ならば $(-P)$」を左辺「もし P ならば Q」の対偶といい，それらが同値であることを主張する (2) を対偶の法則という（図 4.8）．「対偶」というのは "contraposition" の訳語であるが，昔からある言葉で，もともとは「① 2 つそろったもの，② 対句，③ 夫婦」などを意味するという．だから「対偶の法則」とは，本来は

　　夫のいうことが正しい　⇔　妻のいうことが正しい

であるべきかもしれない（？）が，古典論理学では同値関係 (2) を意味している．これはわかりにくいかもしれないので，具体的な文をあてはめて考えてみよう．たとえば

　　$P = $"犯人はルパン 3 世である"
　　$Q = $"ルパン 3 世は犯行の現場にいた"

というのはどうだろうか．これを同値関係 (2) の左辺（記号 "⇔" の左側の文）にあてはめると，

　　(a)　もし犯人がルパン 3 世であるならば，ルパン 3

```
┌─────────────────┐    逆    ┌─────────────────┐
│ クレタ人は       │◀────────▶│ うそつきは       │
│   うそつきである │          │   クレタ人である │
└─────────────────┘          └─────────────────┘
     ▲         ╲    対偶    ╱         ▲
     │裏        ╲          ╱         裏│
     ▼           ╲        ╱           ▼
┌─────────────────┐    逆    ┌─────────────────┐
│ クレタ人でなければ,│◀────────▶│ うそつきでなければ,│
│   うそつきでない │          │   クレタ人でない │
└─────────────────┘          └─────────────────┘
```

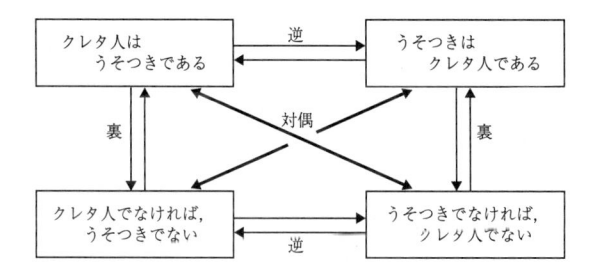

図 4.8 逆・裏・対偶

 文「P ならば Q」(あるいは「A は B である」)の前後を入れ替えた「Q ならば P」(あるいは「B は A である」)を,もとの文の「逆」という.もとの文が正しくても,その逆が正しいとは限らない──「逆は必ずしも真ならず」といわれている通りである.また前後を両方とも否定した「$-P$ ならば $-Q$」(「B でなければ A でない」)をもとの文の「裏」という.裏も「必ずしも真でない」が,逆の裏,すなわち「対偶」は,もとの文と真・偽が必ず一致する.たとえば「クレタ人はうそつきである」が正しいか・否かは,「うそつきでなければ,クレタ人でない」が正しいか・否かに一致する.

　　　世は犯行の現場にいた

となる.常識的には,この文は正しいと思われる.

　さてこの条件文の前半 P と後半 Q を入れ替え,しかもそれぞれを否定すると,関係 (2) の右辺

　　(b)　もしルパン 3 世が犯行の現場にいなかったのなら,犯人はルパン 3 世ではない

になる.これがもとの文 (a) の対偶である.アリバイがあるのなら,犯人ではないだろうから,これもまず間違いないであろう.

しかし相手はルパン3世である．我々の常識は通用しないかもしれない．犯行の現場にはいなかったけれど，ちゃんと犯行をやってのける——などということがありうるとすれば，(a) は成り立たないし，「犯行の現場におらず，しかも彼が犯人」というのだから，(b) も成り立たない．

このように，(a) が正しければその対偶 (b) も正しいし，(a) が誤りなら対偶 (b) も誤りで，(a) と (b) とはたしかに同値である．

(3)　$-(P$ でしかも $Q)$　⇔　$(-P)$ かまたは $(-Q)$

(4)　$-(P$ かまたは $Q)$　⇔　$(-P)$ でしかも $(-Q)$

これらはどちらもド・モルガンの法則と呼ばれる．(3) については，たとえば次の例を考えてみるとわかりやすいと思う．

「彼は勇敢でしかも親切である」と聞いていたが，間違いだった

⇔

彼は勇敢でないかまたは（彼は）親切でない

なおド・モルガン（A. de Morgan, 1806-1871）はイギリスの数学者で，「博識をもって聞こえ，多彩な文筆活動をした」そうであるが，今よく知られているのはこの法則ぐらいであろう．

この法則は3つ以上の文に対しても成り立つ．

$-(P$ でしかも Q でしかも R でしかも……$)$

⇔

$((-P)$ かまたは $(-Q)$ かまたは $(-R)$ かまたは ……)

(5) P かまたは Q ⇔ もし $(-P)$ ならば Q

これには名前がないが,おもしろいしちょっと意外かもしれないので,例文をひとつ挙げておこう.

> 雨が降るかまたは運動会が開かれる(少なくとも一方が成り立つ)
>   ⇔
> もし雨が降らなければ運動会が開かれる.

(6) もし P ならば Q ⇔ $(-P)$ かまたは Q

これは (5) の P を $-P$ に置き換え,(1) によって $-(-P)$ を P に置き換えればすぐ導かれる(2重否定の消去).

(7) $-$(すべての x について P)
    ⇔ ある x について $(-P)$
(8) $-$(ある x について P)
    ⇔ すべての x について $(-P)$

これらもド・モルガンの法則と呼ばれる.これらの両辺がそれぞれ論理的に同値であることは,次の例をよく考えてみればわかると思う.

> (7) 「すべての人がタバコを吸う」わけではない.
>   ⇔

ある人は，タバコを吸わない．
(8) 「冥王星まで行った人がいる」というのはウソである．

　　　　⇔

いかなる人も，冥王星まで行ってない．

なおこれらをも「ド・モルガンの法則」と呼ぶのは，「(3),(4) を拡張して，すべての場合にあてはめた」と考えられるからである．実際，x がたとえば

　　$1, 2, 3, \cdots, 365, \cdots, 1117, \cdots$

のすべてを代表しているとすると，

　　$-$（すべての x について P）
　⇔　$-(P(x=1$ のとき) でしかも $P(x=2$ のとき) でしかも……でしかも $P(x=1117$ のとき) でしかも……)

ここでド・モルガン (3) を強引にあてはめると

　⇔　$((-P(x=1$ のとき$))$ かまたは $(-P(x=2$ のとき$))$ かまたは……かまたは $(-P(x=1117$ のとき$))$ かまたは……)
　⇔　（ある x について$(-P)$）

[コラム]　**論理体系 L（表 4.2）の解説**◆─────────

　これまでに出てきた恒真式と推論パターンを中心にまとめてみた．ここではいろいろな文を一般に，文字 U, V, W などで表す．これらは

　　　$u+e$ は u に等しい　（式で書けば "$u+e = u$"）

のような

　　　「主語（"$u+e$"）ひとつ，述語（"～は u に等しい"）
　　　ひとつ」

の単文でもよいし，たとえば，

　　　任意の正数 ε に対して，ある正整数 N が存在して，
　　　すべての整数 n に対して，
　　　もし $n \geqq N$ ならば $|a(n)-\alpha| < \varepsilon$

のように複雑な文でもかまわない（この文の内容を理解する必要はまったくありません！）．ただ意味を考えるとき，真か偽かがはっきりしないような，あいまいな文は除外する．

　公理 L2 は，これまで説明のなかった複雑な公理で，明らかとはとてもいえないが，形はきれいで

　　　$u \cdot (v+w) = (u \cdot v) + (u \cdot w)$　　　（いわゆる「分配
　　　法則」）

によく似ているから，あんがい使いやすい．

　公理 L7 と公理 L8 とで，あわせて

　　　「U かまたは V」　⇔　「（　U）ならば V」

をいっている．

　公理 L10 の具体的な例としては

「1+1 = 2」ならば（すべての x について「1+1 = 2」）

などがある．「くだらない」とか「何のこっちゃ」といわれそうであるが，すべての x について「1+1 = 2」とは

$x = 0$　のとき　　1+1 = 2,
$x = 1$　のときも　1+1 = 2,
$x = 2$　のときも　1+1 = 2,
……………

その他 x がどんな値であっても　1+1 = 2

という意味である．「まあ，そんなふうにいいたければいってもかまわない」程度には，ご了承いただけないだろうか．これはもちろん，文 Z が変数 x を含むときには使えない．

推論規則2（一般化）は，一見無理なように思われるかもしれないが，U が公理やすでに証明された定理であるかぎり，U は恒真文なのであるから，(G2) のようにいいかえてもかまわないはずである．たとえば公理系から

「$2x-6 > 0$ ならば $x > 3$」

が一般的に証明できる場合には，

すべての x について「$2x-6 > 0$ ならば $x > 3$」

といってよい．しかしこの推論規則2を恒真文でない文にあてはめて，

「$x > 3$」と仮定する．したがって，

「すべての x について $x > 3$」である

などといってはいけない．

[コラム] **アキレスとカメ：ルイス・キャロルのパラドックス◆**

公理と推論規則の混同に関連して，ルイス・キャロル（本名 C. L. Dodgson，イギリスの数学者，1832-1898）がおもしろいパラドックスを発表している．題材はユークリッドの『原論』の定理 1 であるが，そこでは次の推論がなされている．

作図法（図 1.14）から明らかに，

  a——AC, BC は AB に等しい．

一方，ユークリッドの公理 6

  同じものに等しいものは，互いに等しい

から，

  b——AC, BC が AB に等しければ，AC, BC は互いに等しい．

そして望みの結論は，

  z——AC, BC は互いに等しい．

である．我々は推論規則「切断」によって，他に何の仮定もなしに a, b から z を導いてよいことを知っている．常識豊かなアキレスはこれを「あたりまえ」と考えるし，ユークリッドもこれを認めているが，亀はそこで疑問をさしはさむのである．

「a, b を真と認めるが，仮言的命題（注：条件つきの文）

  c——a, b が真であるならば，z は真でなければならない

は認めないという読者もいるのではありませんか？
——わたしがそういう読者であるとして，最後の結論zを真と認めるよう論理的に強制していただきたいのです」

(以下 L. キャロル「亀がアキレスに言ったこと」，柳瀬尚紀編・訳『不思議の国の論理学』河出文庫より，こちらの都合でaとbを変更するなど，一部を勝手に変えて引用)

そこでアキレスがいう．
「するとわしはおまえにcを認めてもらわねばならん」
「認めるつもりです，それをあなたのノートに書き入れてくださったらすぐに」
しかたなくアキレスはcをノートに書き入れて，
「おまえがaとbとcを認めるなら，zを認めなくてはならん」
と断言する．しかし亀は考え考え
「aとbとcが真であるならば，zは真でなければならない」
と繰り返し，さらに粘る．
「これまた仮言的命題じゃありませんかね？　わたしがその真たることを理解できなければ，aとbとcを認めて，しかもなおzを認めなくてもよろしいでしょう？」

このように亀は，アキレスがいいたかった「正しい文についての法則」(推論規則) を，ただの条件文 (仮言的命題) にひきずりおろしてしまうのである．そして気さくな英雄が譲歩してしまうものだから，亀はもうひとつの条件文

　　　d——a, b, c が真であるならば，z は真である

をアキレスのノートに書き込ませることに成功する．あとは同じ手で，z を認めるために必要な文は，限りなく続いてゆく．

　　　e——a, b, c, d が真であるならば，z は真である，
　　　f——a, b, c, d, e が真であるならば，z は真である，
　　　………………

こうしてアキレスは，結論 z に近づくどころか，ますます遠ざかって行くのであった！

[コラム] **再帰的定義について**▲────────────────

ここで利用した定義の手法は，よく「再帰的定義」と呼ばれるが，とても便利で，非常によく使われる．だから関係するちょっとした用語の説明をしておこう．規則

　　　(ｱ)　命題記号 "P", "Q", "R" は論理式である．

は，ある記号列 (この例では "P" など) が無条件に論理式であることを主張している．このように特定の記号列，あるいはすでに定義されている概念に基づいて，新しい概念

を規定している規則を,「基本則」という.また規則

(イ)　もし記号列 α, β が論理式ならば,記号列

$$(\alpha \to \beta) \quad および \quad (-\alpha)$$

も論理式である.

は,ある記号列が論理式であることを前提として,より複雑な論理式を構成するための規則で,何回でも反復適用してよい.このように定義したい概念を前提の中で使っている規則の反復適用を

再帰的応用 (recursive application)

というため,この規則は「再帰則」と呼ばれている.

「定義したい概念を,前提の中で使っている」というのは,循環論法のように見えるかもしれない.それが循環論法にならなくてすむのは基本則があるからで,「確実に確かめられるものから,一歩一歩進んでいく」ようにすればよいのである.

基本則と再帰則による記号列の形式的定義を,再帰的定義という.

最後の規則

(ウ)　上の規則によって論理式であることが確かめられる記号列だけを,論理式という.

は再帰的定義のきまり文句で,「正規化則」と呼ばれるが,「必ずつけるものなら省いてしまおう」という人も多い.

[コラム] **述語論理の階数について**▲────────

述語論理では，特定の対象や特定の操作（演算，関数）・関係（述語）を表す記号

$$0,\ 1,\ +,\ \times,\ =$$

などを使用できるほか，任意の対象，任意の集合を表す変数記号

$$x,\ y,\ S,\ T$$

等々を使うこともできる．しかし変数を1階の対象，すなわち

> 考えている世界で最も基本的な対象（たとえば自然数）

に限り，そういう変数にだけ「すべての」とか「ある」という限定句をつけるのを認める場合がある．そのような制限をみたす論理式を「1階の述語論理式」という．たとえば

> ある y について　$x+y=0$

とか

> すべての x について，ある y を選べば　$x+y=0$

などは，1階の述語論理式である．1階の述語論理式だけを扱う論理体系を1階述語論理という．

これに対して，2階の対象（1階の対象の集合）を表す変数 X, Y, S などを導入し，それらにも「すべての」とか「ある」をつけるのを許した述語論理式を，2階の述語論理式という．たとえば次の文は，2階の述語論理式である．

> すべての集合 X, Y に対して，ある集合 S があって，

すべての x について
　　$((x \in X$ かまたは $x \in Y)$ ならば $(x \in S))$

　これをさらに一般化して，一般の対象（任意の集合，集合の集合，集合の集合の集合，等々）を表す変数にも「すべての」とか「ある」をつけるのを許した論理式を，高階述語論理式と呼ぶ．

　論理体系は，その中でどんな論理式を使うかによって，

　　　命題論理（propositional logic）
　　　1階述語論理（first-order predicate logic）
　　　2階述語論理（second-order predicate logic）
　　　高階述語論理（higher-order predicate logic）

に分けられる．これらの区別は，本書ではなるべく表面に出ないように書いておくが，専門家にとっては重要である．

第 5 章
超数学の誕生

　　　　　数学は，もっとも広い意味において，あらゆる型の
　　　　形式的，必然的，演繹的な推論の展開である．
　　　　　　　　　　　　　　　　　——ホワイトヘッド
　　　　　人間が使うあらゆる言語のなかで，数学は内容から
　　　　生ずる先入観をもたないただ一つのものである．
　　　　　　　　　　　　　　　　　——ラパポート
　　　　　数学は宇宙をとらえるために，人間の想像力によっ
　　　　て築きあげられた壮大な築造物である．
　　　　　　　　　　　　　　　　　——ル・コルビュジェ
　　　　　　（『定義集』ちくま哲学の森／別巻，筑摩書房より）

　　　数学の基礎づけにおけるこの種の問題は，今世紀の
　　はじめに現れた人間の思考方法の体系化に対する強い
　　関心をひき起した．……集合論の中でいとも簡単にパ
　　ラドクスが飛び出してくるものなら，数学の他の分野
　　にもパラドクスが現れないのだろうか？……この数学
　　についての研究それ自身は超数学——あるいはときに
　　メタ論理学として知られるようになった．
　　　　　　　　　　　　　　　　　——ホフスタッター
　　　　　　　　　　（『ゲーデル，エッシャー，バッハ』
　　　　　　　　　　　　野崎・林・柳瀬訳，白揚社）

5.1 超数学の目標

超数学（メタ数学，metamathematics）とは，おおげさな名前であるが，「数学についての数学」という意味である．数学者が「どんなふうに考えるか」は問題ではなく，できあがった，あるいは将来できる「数学」それ自体について分析・研究するのが目的であり，

　　　　数学は絶対に安全・確実といえるか？

が基本的な問題である．

この問いに，もっと具体的な形を与えたのがヒルベルトである．彼は研究の対象を

　　　　公理系によって記述された，数学の形式的体系

に限定し，理想の公理系がみたすべき基準として，次の3つの性質を要求した．

① 公理系は，望みの命題をすべて証明できるよう，十分に与えられている．
② 公理はすべて必要で，どのひとつも省くことができない．
③ 公理系は自己矛盾を含まず，互いに矛盾するような定理はけっして出てこない．

要求①は「完全性」（completeness）と呼ばれ，もちろん望ましい性質であるが，ユークリッドの公理系は実は不完全であった．ヒルベルトの公理系は

「ユークリッドの諸定理をすべて厳密に証明できる」という意味で完全である．なお「完全」というのはまぎらわしい言葉で，私が知っているだけでも5〜6通りの違った意味がある（またあとで，必要なときに必要な定義をきちんと説明する）．

要求②は要するに「ムダがない」こと，ていねいにいえば「どの公理も他の諸公理から導くことができない」ということである．なお，この「導くことができない」という性質を「独立性」(independence)というが，たとえばユークリッドの公理5は他の諸公理から独立である．ヒルベルトの諸公理は，もちろん互いに独立であった．

なお独立性は美的感覚からは必要かもしれないし，ある特定の公理が他の公理から独立であるかどうかは非常におもしろい問題でありうるが，実用上は体系内のいくつかの公理が独立でなくても，それほど困らない．私は少しぐらいムダがあっても，わかりやすい公理系のほうが好きである（入門用に私が組み立てた168ページの論理公理系Lには，少々ムダがある）．

要求③の内容は「無矛盾性」(consistency)と呼ばれるが，理論が意味をもつために絶対に必要な条件であって，これが破れたらその公理系にとって致命傷になる．ヒルベルトは，彼のユークリッド幾何学を解析幾何学と結びつけることによって，次のことを示した．

実数論が無矛盾ならば，彼の公理系も無矛盾である．

その当時は実数論の無矛盾性を疑う数学者はいなかったから，これは幾何学の無矛盾性の証明として十分な説得力をもっていた[1]．

　ヒルベルトはまた，1900年に国際数学者会議で行なわれた有名な講演「数学の諸問題」の中で，23個の重要な問題を列挙したが，その2番めに

　　　（実数を含む）数の体系の無矛盾性

を挙げた．ラッセルのパラドックスがまだ発見されておらず，解析学の無矛盾性さえほとんど疑われていなかった当時，数学者たちが昔から信じきっていた数の体系の正しさを

　　　「数学的に証明しよう」

と提案したのであるから，これはミンコフスキがいったとおり，きわめて独創的な問題提起であった．

　ところで「超数学」においては，いわゆる「数理哲学」

---

1) 実数論の基礎づけは，ドイツの数学者ワイヤシュトラス（K. Weierstrass, 1815-1897）によって行われていた．有理数列によって実数を定義してみせるのである．例のクロネッカー（1823-1891）はこの先輩の仕事をも批判したが，その批判はヒルベルトらの努力でしだいに影が薄くなったし，もともと解析学の研究者たちはワイヤシュトラスの方を信用していたと思う．

　しかしワイヤシュトラスの仕事によって，実数論の基礎が完全に固められたわけではない．あとのデデキント（J. Dedekind, 1831-1916）の「集合論による実数論の基礎づけ」も含めて，直接・間接に集合論を利用しているので，非常に説得力のある体系ではあるが，現代の厳しい視点からみると，その体系の無矛盾性は明らかとはとうていいえない．

とは違って，その方法も数学的にしたい．だから「研究対象としての数学」を，客観的に分析できるよう，形式的に整えておかなければならない．幸い数学の形式化は，客観性と一般性を獲得するために，幾何学の「公理化」や代数学の「記号化」をはじめとして，何千年もかけて少しずつ進められてきた．しかし公理の中で使われている言葉やいろいろな記号から「意味」をはぎとって，純粋に「形だけ」について，記号論理に基づく議論ができるようになったのはずっとあとで，いくつか先駆的な仕事はあったが，やはりホワイトヘッドとラッセルの大著『プリンキピア・マテマティカ』（数学的原理，1910）が出てからのことである．また集合論の公理化も，20世紀に入ってからツェルメロによってはじめられ (1908)，フレンケルによってほぼ確立された (1922)．そのあとヒルベルトとアッケルマンが共著『数理論理学の基礎』(1928) の中で，いわゆる述語論理を形式的体系として整備してみせた．こうして全数学の内容が，記号論理の枠内で形式的に記述できるようになった．このように超数学は，その芽ばえは19世紀末にあったが，体系的に確立されたのは1920年代以降のことである．

ついでながら「記号から意味をはぎとる」ことは，ヒルベルト以前にも意識されていた．たとえばクーチュラは『数学的無限論』(1896) の中で，次のように述べている．

「数学者は〈量〉そのものを定義することは決してしない……もっと抽象的で，もっと形式的な方法で，いろ

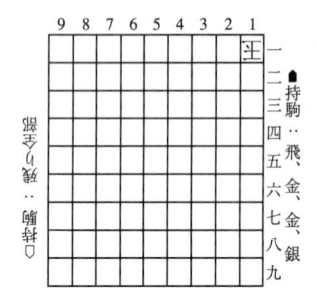

```
          9 8 7 6 5 4 3 2 1
        ┌─┬─┬─┬─┬─┬─┬─┬─┬─┐
        │ │ │ │ │ │ │ │ │王│ 一
        ├─┼─┼─┼─┼─┼─┼─┼─┼─┤  ●
        │ │ │ │ │ │ │ │ │ │ 二   持
        ├─┼─┼─┼─┼─┼─┼─┼─┼─┤     駒
        │ │ │ │ │ │ │ │ │ │ 三   ‥
        ├─┼─┼─┼─┼─┼─┼─┼─┼─┤     飛
  先    │ │ │ │ │ │ │ │ │ │ 四   、
  手    ├─┼─┼─┼─┼─┼─┼─┼─┼─┤     金
  の    │ │ │ │ │ │ │ │ │ │ 五   、
  持    ├─┼─┼─┼─┼─┼─┼─┼─┼─┤     金
  駒    │ │ │ │ │ │ │ │ │ │ 六   、
  ‥    ├─┼─┼─┼─┼─┼─┼─┼─┼─┤     銀
  な    │ │ │ │ │ │ │ │ │ │ 七
  し    ├─┼─┼─┼─┼─┼─┼─┼─┼─┤
        │ │ │ │ │ │ │ │ │ │ 八
        ├─┼─┼─┼─┼─┼─┼─┼─┼─┤
        │ │ │ │ │ │ │ │ │ │ 九
        └─┴─┴─┴─┴─┴─┴─┴─┴─┘
```

図 5.1 ゲームと数学

「数学はゲームにすぎないのか」というのは，ゲームが好きな人間にとってはずいぶん失礼ないいかたである．「そうだ．でも詰将棋ほどおもしろくはない」と答える人もいるであろう．たとえば上の王様を，王手の連続で詰ますことができますか？（伊藤看寿作，王様が最善を尽くすと 31 手で詰む．）これは理詰めで解ける，数学的な問題である．

いろな記号を定め，同時にそれらの記号を組み合わせる規則を規定する……数学者は，恣意的な約束にしたがって，数学的実在を創造する．それはちょうどチェスで，駒の動きと駒のあいだの関係を支配するルールによって，いくつかの駒が定義されているのと同じやり方である」（E. T. ベル『数学をつくった人びと』(III) 田中・銀林訳，ハヤカワ文庫，318～319 ページより）

数学者は最初にゲームの規則（公理系）をきめる．するとそのあと「どんな試合（将棋でいえば 1 回の勝負，数学でいえばひとつの定理とその証明）がありうるか」は，す

べてその規則によって完全にきまってしまう．これはうまいたとえであるが，誤解を招いたふしもある．あとでヒルベルトが「形式主義」を提唱したときにも，「数学は単なるゲームなのか」という感情的な反発が沸き起こった．（図5.1）．

この反発の底には，数学者たちの「我々は意味のある仕事をしているんだ」という自負心が横たわっている．しかし「意味のある仕事をしている」ということと，「その結果を記号列として記述できる」ということとは，まったく次元が違うことで，その間に矛盾などない．人の心を打つばらしい詩でも，タイプライター（ワープロ）を叩けばただの記号列として，心のない機械に記憶させられるのと同じことである．ゲーム，たとえば将棋にしても「どんな勝負がありうるか」はルールによってきまっているが，「実際にどんな勝負をするか」はルールではきめられておらず，そこに作戦や戦略，勝負師のカンとか人間性まで現れてくる．数学も同じで，定理の証明が「あっているかどうか」はコンピューターにもわかるが，その定理が「いい定理かどうか」は数学者の価値観や感性がかかわる事柄で，これがどこまで形式化・機械化できるかは，非常におもしろい問題である．

ここでよい機会であるから，形式化についての私の見解をまとめて述べておきたい．

まず最初にはっきりいっておきたいのは，「形式化は可能だ」ということである．いろいろ議論はあったが，いま

になってみると

> 「数学のどんな分野でも，もしそうしたければ形式的な体系の中で，その構造を集合論の言葉で記述できる」

ことは広く信じられているし，私もそう思っている（ただし「超数学」を除く）．これこそ数学者が「数学の客観性」を主張する，基本的な根拠のひとつである．

また形式化によって推論の機械化——というより「コンピューター化」が可能になったことも，注目に値する．現代的な形式体系の中では，公理とは意味のない記号列であり，推論規則とは「記号列の変形規則」である．だから意味をまったく理解していないコンピューターでも，論理式の形式的な定義にもとづいて，「与えられた記号列が，文法的に正しい論理式になっているか否か」を自動的に判定できる．また公理系と推論規則が与えられれば，「与えられた定理の証明を，試行錯誤によって探索する」こと，さらには「ありとあらゆる可能な定理を，次々と印刷する」ことができる（ただし能率のよい探索はできそうもない——原理的な可能性の話である）．これは超数学の副産物であって，コンピューター化が本来の目的ではないけれど，これこそ体系から「意味」を完全に追放できた証拠である．

さいごに，客観性・一般性を獲得するための「形式化」によって，

> 内容的・絶対的な正しさが放棄された

ことを指摘しておきたい．意味から切り離された公理はも

はや「明らかな事実」ではなく,それ自身の正しさは「棚上げ」にされている(ギリシャ人の知恵!).現実世界にあてはめたときに,それがほんとうに正しいかどうかは,多くの場合(宇宙物理学など)個別科学の問題であって,数学の問題では必ずしもなくなる.

内容的な正しさの放棄がはっきり現れたわかりやすい例は,ロシアの数学者コルモゴロフ (A. N. Kolmogorov, 1903-1987) の公理論的確率論であろう.昔は「確率とは何か」が数学者の間でも大問題で,いろいろな議論があったが,コルモゴロフの公理系ができてからは,そのような議論は「数学以前」であって,「確率論は公理系から出発する」と考えられるようになった.もっと単純化していうと,

「サイコロを振って1の目が出る確率」p とはそもそも何であるか

は数学の問題ではなく,$p = \dfrac{1}{6}$ などという仮定から出発して計算を進めるのが数学の立場である——この仮定が現実の特定の場面で正しいかどうかは,形式化された数学の問題ではない(図 5.2).

念のためにつけ加えておくと,「形式化された数学」だけが数学のすべてではない.数学の結果は形式化できても,数学的活動は,形式化されていない.前にも述べたことであるが数学者は意味に頼って,直観を活かして数学の研究を推進している.お互いの仕事の評価は,それらの意味によってなされるのであって,ただ「証明が形式的にあっていればよい」というものではない.また数学者が「数学の

図 5.2 サイコロと確率
「1 の メが出る確率」は,サイコロによってちがう.「6 分の 1 にきまってる」といわれるかもしれないが,鉛を埋めこんだイカサマ・サイコロでなくても,図のような「多面体サイコロ」もある.

客観性」を主張する根拠は「形式化」だけではなく,これまでの数学者たちが「公理系を選ぶ自由」を濫用せず,実に慎重であったという歴史的事実にもある——幾何学でも解析学でも,安全確実と思われる議論によって,理論を組み立ててきた.たとえ「公理化するまでもない,簡単な理論」であっても,伝統にのっとって,できるだけ厳密な証明が行われる.ある論法が危険のように見えることはあっても,それは外部の人々の眼にふれる前に,数学者の仲間うちで(ときには必要以上に)厳しく批判された.いつの頃からか(ユークリッドの頃から?)できあがった「数学

は信頼できる」という評判が、その後も数学を鍛え続けた、という面もあったように思う．

5.2 超数学の方法

これまでに紹介した次のような結果は，超数学の中に含めてよい．

事実1 ユークリッドの幾何学が無矛盾ならば，ボヤイとロバチェフスキーの（A型）非ユークリッド幾何学も無矛盾である（クライン）．

事実2 ユークリッドの幾何学が無矛盾ならば，リーマンの（B型）非ユークリッド幾何学も無矛盾である（ポアンカレ）．

事実3 実数論が無矛盾ならば，ユークリッドの幾何学も無矛盾である（ヒルベルト）．

これらはどれも「モデルを作ってみせる」という方法で証明され，特に前のふたつは具体的でわかりやすい．また次の事実も成り立つ．

事実4 我々の論理体系 L（168ページ，表 4.2）は無矛盾である．

これはまあ当然といってもいいことであって，おおよそ次の方針で証明できる．

① 論理公理はすべて恒真文であり，推論規則は「恒真性」を保存する．
② だから論理公理だけから導かれる定理はすべて恒真文である．
③ したがって矛盾は出てこない．

なお「矛盾が出る」とは，ある文 M とその否定 $-M$ とが両方とも証明されてしまうことである．文 M が恒真文ならばその否定 $-M$ は「つねに偽」なので，恒真文ではなく，それらが両方とも証明できるわけがない．だから矛盾は発生しない[2]．

なおこの事実から，次のことも確認されたことになる．

事実5 公理系 S と論理公理系から一般的に証明できることは，S のすべてのモデルで正しい．

これも「成り立ってあたりまえ」のことであるが，論理公理系が自己矛盾を含んでいるときは，S のモデルは存在しないので，実質的に無意味である．

モデルを使う方法は，代数的な体系についても応用でき

---

2) 問題があるとしたら，変数を扱う公理 (L9〜L13) であろう．それらをみたす具体的なモデルはあるだろうか？——対象が "0" ひとつしかない世界を考えればよい．そういう世界では，「すべての〜」や「ある〜」があってもなくても，変数を 0 に置き換えても文の意味が変わらないので，どの公理もたしかに成り立つ．

る．次にモデルの使い方をちょっぴり味わうために，簡単な例を紹介しておこう．題材は，前に扱った公理系 D である（なお正確にいえば，公理系 D に等号の公理系 E と論理体系 L をつけ加えた体系を考えるのであるが，ここでは簡単に書いておく）．

公理系 D
　公理 D1　すべての x, y, z について
$$x+(y+z) = (x+y)+z$$
　公理 D2　すべての x, y について
$$x+y = y+x$$
　公理 D3　ある特別の対象 e があって，すべての x に対して
$$x+e = x$$

事実 6　この公理系 D は無矛盾である．

［証明］　前にも述べたように，この公理系にはモデルがたくさんある．たとえば 0 だけから成る世界で
$$0+0 = 0$$
と定義すると，これは公理系 D（および等号の公理系 E）をすべてみたす．そしてモデルがある以上，この公理系からいくら議論を進めても，矛盾は出てこない．　［証明終］

事実 7a　この公理系 D から，次の文 W は証明できない．

W：どんな a, b に対しても，適当に x を選べば
$$x + a = b$$

[証明] 文 W の内容をわかりやすくいえば

「方程式 $x + a = b$ は必ず解をもつ」

ということである．しかしこれは，公理系 D のすべてのモデルで成り立つ性質ではない．たとえば「自然数と大小関係の世界」，すなわち

$$x + y = \text{“自然数 } x \text{ と } y \text{ の大きいほう”}$$

という世界は，公理系 D のモデルであるが，そこでは

$$x + 7 = 1$$

をみたす x は存在しない．つまり文 W は成り立たないので，そんな文が公理系から一般的に証明できるわけがない． [証明終]

事実 7b 公理系 D から，上の文の否定（$-W$）も証明できない．

[証明] 実際，性質 W が成り立つモデル（何でしょう？）もある．だから，W を否定した文（$-W$）を一般的に証明することも，絶対に不可能である． [証明終]

さて，ここまでは特別の予備知識を必要としない，前にも（第2章で）出てきた考え方の応用である．一方，我々がこれまで推進してきた「理論体系の形式化」を利用すると，モデルを使わない，純粋に形式的な方法が可能になる．それによって証明できる事柄の例も，いくつか紹介してお

こう．まず

　　矛盾を含む体系からは，どんな文でも証明できる
ということを注意しておきたい．もう少していねいにいう
と，次のようなことである．

事実8 ある公理系から，矛盾が発生した——すなわち，
　　　ある文 M とその否定 $-M$ とが，両方とも証明でき
　　　てしまった

としよう．するとその場合は，それらの文（証明できたの
だから，定理）から出発して，どんな文 P でも証明でき
る．

［証明］ 証明にはもちろん，論理体系を利用してよい．
だから172ページ表4.3の定理も使えるので，定理5（「な
らば」の水増し）が役に立つ．

　① M
　② $-M$
　③ $(-M)$ ならば $((-P)$ ならば $(-M))$
　　　　……定理5
　④ $(-P)$ ならば $(-M)$ ……②,③から切断
　⑤ $((-P)$ ならば $(-M))$ ならば $(M$ ならば $P)$
　　　　……公理L3（対偶）
　⑥ M ならば P ……④,⑤から切断
　⑦ P ……①,⑥から切断

［証明終］

文 P は任意だから,「らくだは針の穴を通れる」だろうと「パリをびんの中に詰め込むことができる」だろうと,「$x = 0$」だろうと「$x \neq 0$」だろうと, 何でもよい. それらがみな「証明できる」というのだから, そんな公理系には何の意味もない. いいかえれば, 理論のどこかで発生した矛盾は,「局所的なほころび」にとどまらず, 必ず理論全体を破壊してしまうのである——どこかで発生したウイルスが全世界を汚染するようなものである. 数学者が矛盾を嫌い, 体系の無矛盾性を何よりも尊重するのはそのためである.

次の事実は簡単であるが, あとで役に立つ.

事実 9 論理体系 L から
　　「H ならば T」
が証明できるときは, 前提（公理）として H をつけ加えると, 文 T が証明できる.

これは推論規則「切断」（H と「H ならば T」から T を導く）から明らかである.

この事実 9 の逆も, ある条件のもとで成り立つ——ちょっと技術的になるが, 内容的におもしろいのはこちらのほうである.

事実 10 論理体系 L に, いくつかの前提（たとえば公理

D1〜D3，あるいは定理の仮定など）をつけ加えて，ある文 T が証明できたとする．

つけ加えられた前提のひとつを H とすると，ある条件のもとで，H を使わずに

　　「H ならば T」

を証明することができる[3]．

この事実 10 は，内容的には驚くべきことではなく，むしろ当然といってもよい．H を仮定して T が証明できるとは，おおざっぱにいって

　　「H が成り立つならば T も成り立つ」

ことを意味している．だからその意味で

　　「H ならば T」

と断言してよい．しかしそのことと，

　　「H ならば T」が，形式的に証明できる

こととは，一応別の事柄である——論理体系が不完全だと，そうはいかないかもしれない．幸い我々の論理公理系 L（またそれと同等の論理公理系）は，その点はしっかりしていて，上の事実が成り立つ（証明はあんがいめんどうな

[3) 「ある条件」とは，正確に理解する必要はないので気にしなくてよいが，次のように述べられる．

　　文 T の証明の中で推論規則 2（一般化，「すべての ○ について」の追加）が使われている場合，H はそこで一般化されている変数 ○ を自由変数として含まない．

　T の証明が推論規則 2 を含まないか，H が自由変数を含まない論理式であれば，この条件は確実に成り立つ．

ので，省略する）．

事実 10 は応用が広い．たとえば定理 D の証明を思い出してみよう．そこでは定理の仮定
　　$H :$ "すべての x について $x + u = x$"
を前提にして，他の公理とあわせて結論
　　$T :$ "$u = e$"
を導いた．「H が正しければ T も正しい」ということが示されたわけで，内容的にはこれで定理 D の証明になっている．しかし事実 10 によれば，形式的にも

　　仮定 H を使わずに，公理だけから
　　　　定理 D 「H ならば T」
　　を導ける

ことがわかる．

それだけではない．定理 D は，

　　論理公理系，等号の公理系 E1〜E4，および公理系 D1〜D3

から証明できる．それなら D3 を使わずに

　　(D3 ならば D)，

すなわち (D3 ならば「H ならば T」) が証明できるはずである．また事実 10 を繰り返し適用すると，論理公理系だけから

　　$T' :$ (E1 ならば (E2 ならば (E3 ならば (E4 ならば (D1 ならば (D2 ならば (D3 ならば D)))))))

が証明できることもわかる．なおこの文 T' は

　　　T''：(E1 でしかも E2 でしかも……でしかも D3)
　　　　　ならば D

と論理的に同値であって，この文 T'' も，論理公理だけから証明できる．

　これをもっと一般的にいうと，次のようになる．

　　　ある公理系 A1〜A □□ からある文 P が証明できるなら，それらの公理を使わずに，
　　　　（A1 でしかも……でしかも A □□）ならば P
　　　が証明できる．

5.3　超数学の土台

　前節で紹介した事実1〜10は，

　　　健全な常識によって確かめられた，数学的体系についての事実

であって，「体系の中で，公理と推論規則によって導かれた定理」ではない．数学的体系を対象として，その性質を調べたいのだから，体系内の公理を「明らか」とか「当然の前提」などといって使うわけにはいかないのである．そのようにして証明された事実を

　　　「超定理」（メタ定理，metatheorem）

という（その証明を「超証明」……とは，あまりいわないようである）．

　ここで当然のことながら，「健全な常識とは何か」ということが重要な問題になる．ヒルベルトは，表現は違うが

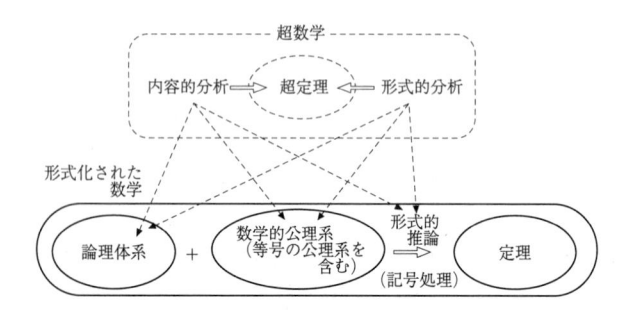

図 5.3　数学と超数学
　超数学の研究対象は，形式化された数学である．方法は ① 内容的分析（本文事実 1〜7 を導く）と ② 形式的分析（事実 8〜10）であるが，① においてもある程度の形式化は必要であり，② のためには（論理式の形式的定義から始まる）徹底した形式化が必要になる．

　　　　有限回の操作で確実に実行できる，記号列について
　　　　の処理と判断

に基づくべきであると主張し，それを「有限の立場」と称した．神がかり的な直観や，占いとか超能力者のご託宣などには頼らない．厳しい道であるが，形式化によって放棄した絶対的な正しさを，超数学で回復するためには，これでも厳しすぎることはない．これは「直観主義にひじょうに近い立場」といってよいし，「ブローエルの直観主義と実質的には同じである」という人もいる．しかしブローエルはその立場を数学の中にまで持ち込もうとしたが，ヒルベルトは数学の外——超数学に対してだけ要求したので，そ

こは決定的に違っている．現代数学の中には，一種の理想化によって設定された公理——有限の立場では説明できず，したがってそれが「直観的に明らか」とは（ブローエルの意味ではとうてい）いえない公理が山ほどあり，多くの有用な結果の証明に役立っている．そういう公理まで排除するのは，明らかに損である．

では「確実に実行できる」とはもっと具体的にいうと，どんなことであろうか．私はいつも，

　　　　コンピューター（機械）にやらせることができる
と考えることにしている．これは私にとっては非常にわかりやすいのであるが，もう少し一般的ないいかたで，基本的な操作をリストアップしてみるのも悪くないと思う．しかし話が細かくなりすぎるのでそれは省いて，もっと大事な話の方に進むことにしたい（興味をおもちの方は，230ページの「有限の立場で認められる基本操作について」参照）．

有限の立場で証明を進めることは，事実 8〜10 のような形式的証明においては比較的はっきりしていて，誤解の恐れはすくない．しかし「モデルを作る」場合は，多くの数学者にとって，うっかりしやすいところがあると思う．たしえば

　　　$D0 =$ すべての自然数の集合
から出発して，

　　　$D1 = D0$ のすべての部分集合の集合，

　　　$D2 = D1$ のすべての部分集合の集合，

$D3 = D2$ のすべての部分集合の集合，
....

のように次々と集合 Dn を定義し，さらに

$D\infty = D0 \cup D1 \cup D2 \cup D3 \cup \cdots$
（すべての Dn の和集合）

とおいてみよう．ほとんどの数学者はこの集合 $D\infty$ を「具体的に定義された，明確な集合」と考え，これを集合論の公理系のモデルとして採用することに，何の疑問も感じないであろう．しかしこの $D\infty$ は，実は $D1$ がすでに，我々の立場で考えるとちっとも具体的でなく，明らかな実体としては認められない．それには次のような理由がある．

前に「集合論のパラドックスの予防対策」として，

① 集合 X を確定するためには，そのすべての要素が確定していなければならない

と述べた．これに従うと，集合 $D1$ を確定するためには，そのすべての要素—— $D0$ の部分集合を確定させなければならない．$D0$ の部分集合は，その要素がみたすべき条件を論理式できちんと書いてやれば，確定する．ところが長さが有限の記号列は（したがって論理式も）可算無限個しかないから，確定できる $D0$ の部分集合（$D1$ の要素）も可算無限個しかない．一方，抽象的に考えられる $D0$ の部分集合は非可算無限個ある——その中には「これ」と名指しすることもできない，わけのわからない幽霊のようなものもあるが，素朴に思い描かれている「すべての部分集合の集合」$D1$ とはそういうものをも何でもかんでも含んでし

まう，もやもやした概念である[4]．超数学の中では，そんなものを無矛盾性の証明の基礎として，あっさり認めてしまうわけにはいかない．

それにもかかわらず，数学者は上のような定義を使い，$D\infty$ についての推論を進める．ヒルベルトは寛容で，数学の中では上の定義を「文法的に正しい定義式」と認め，公理にしたがって形式的に推論することを許す[5]．また数学

---

4) $D1$ の無限部分集合 S の中で，次の条件をみたすものを考えてみよう．

S は $D0$ とも $D1$ とも，1対1で洩れのない対応をつけることができない．

そのような集合 S をすべて集めた集合を，σ とおく．すると集合 σ は，$D2$ の部分集合となる．そして通常の集合論の公理系が無矛盾であると仮定して，次のことがいえる．

事実1（ゲーデル，1940） σ が空集合であると仮定して，矛盾は出ない．

事実2（コーエン，1963） σ が空集合でないと仮定して，矛盾は出ない．

$D2$ の中身になると「これくらい実体が定かでない」というわけである．

なおカントールが予想・提唱した「σ が空集合である」という仮説は，連続体仮説と呼ばれるが，事実1から「無難な仮説」であるといえる．しかし事実2によれば，この仮説を通常の集合論の枠内で一般的に証明することは不可能なので，「連続体仮説は独立」といえる．事実1とあわせると「連続体仮説もその否定も，通常の集合論の公理系から独立で，どちらか決定できない」ということである．

5) この集合 $D\infty$ は，前に説明したラッセルの階型理論では認められないが，ツェルメロとフレンケルの集合論（いわゆる公理系ZF）では認められている．なお公理系ZFでは「階」を区別せず，そのかわりにパラドックスを防ぐ手段として「正則性公理」とい

者が（公理系に違反しない限り）直観に頼ることも黙認する（自分もやっている！）．それは「ユークリッド幾何学の中で議論をする」ようなもので，

　　　もし公理系をみたす世界があれば，その世界では
　　　……ということが成り立つ

という，相対的な事柄を論じているわけである．ユークリッド幾何学は，けっして現実の宇宙空間についての絶対的な真理を証明しているわけではない．それと同じように，$D\infty$ について得られる数学的な結論も，素朴に想像される"実体についての真理"ではないかもしれず，あくまでも

　　　公理系をみたす"すべての部分集合の集合"なるも
　　　のがもし存在するとしたら，こうなるよ

という相対的な結論なのである．その点が「絶対に正しい」結論を出したい超数学とは違っている．

　というわけで，ごく簡単な場合を除いて，有限の立場に立って具体的なモデルを構成するのは，なかなかむずかしいことなのである．だから「"0"だけから成る世界」のような有限のモデルを使うか，有限の立場を越えたところで

うものを仮定しているが，技巧的なので省略する．
　ついでながら，任意の集合 X について「そのすべての部分集合の集合」の存在を承認するのは，古代ギリシャ人たちが「無限に広い，一様な空間」を構想したのと，あい通じるところがある——そう考えるとたしかに便利ではあるが，あくまでも「仮定」であって「明白な事実」とはいえない．ただどちらも慣れてしまうと，「明白な事実」のように思えてくるからおもしろいものである．

(しかし十分説得力のある範囲で) モデルを構成してみせるか, さもなければ

> ある公理系のモデルが存在すると仮定して, その中で別の公理系のモデルを構成する

というような, 仮想的・相対的な議論がよく行われる. たとえば事実1の証明では「ユークリッド空間」をかりに実在するものとして, その中で (ボヤイ型) 非ユークリッド空間のモデルを作った. だから「ほんもののモデルを構成する」仕事はしていないので,「うまく手抜きをしている」ともいえるし, そのために

> 「もしユークリッド幾何学が無矛盾 (でモデルが存在する) なら」

という条件がついてしまったわけでもある——ユークリッド空間が「ほんとうに実在する」ものなら, そんな条件は要らない.

[コラム] 有限の立場で認められる基本操作について◆────

完全なリストアップは面倒であるが，次のように考えておくとよい．

1) 記号についての操作：

いくつかの記号を一列に並べて，ひとつの記号列を作る，

ふたつの記号□，△が同一であるか否かを判定する，

記号□が，ある有限集合 S に属しているか否かを判定する，など．

2) 記号列についての基本的な操作：

ふたつの記号列 α, β をつないで $\alpha\beta$ を作る，

α を先頭の記号と残り β （空列 ε かもしれない）とに分離する，

α と β が一致するか否かを判定する，など．

これらを組み合わせると「α の中の β を γ におきかえる」ことや「α が有限集合 S の中の記号だけでできているか否か」の判定などができる．

3) 記号列の集合についての基本的な操作：

再帰的定義，など（201 ページ，「再帰的定義について」参照：なおチョムスキーの形式文法論をとりいれてもよい）．

このへんの事柄については，ロシアの数学者マルコフの『アルゴリズムの理論』にとてもていねいに書いてある．おもしろいところを英訳本からちょっと引用してみよう．

ひとつながりの文字列を語（concrete word）という．
たとえば

  pagagiglemma

はひとつの語である……ふたつの語 α, β の中で，同じ文字が同じ順序で並んでいるとき，それらの語は等しいという．たとえばさっき挙げた語と次の語とは，印刷されている場所は違うが等しい：papagiglemma

英訳本の誤植のため1ヵ所違うが，人間は著者の意図まで読んで「これらが等しい」ことを認識できる——人間はえらい！

なおこのマルコフ (1903-1979) は，確率論で有名なマルコフ (1856-1922) とは別人であるが，2人とも Andrei Andreevich Markov なので，実にまぎらわしい．

第6章
ゲーデル登場

　　彼 (ゲーデル) の体格は日本人のなかでも小柄な私と大体同じくらいで,とても親しみやすい……初めての人に会うのが極端に嫌いらしい.しかし親しくなった人にはむしろ人なつこい感じがする.
　　　　　　　　　　——竹内外史「クルト・ゲーデル」
　　　　　　　　　　(『ゲーデル (新版)』日本評論社,70 ページ)

　ゲーデル博士,71歳,数学者.今世紀のもっとも重要な数学的真理の発見者であり,それは,素人には不可解で,哲学者や論理学者にとっては革命的なものである.
——『ニューヨーク・タイムズ』1978 年 1 月 15 日号
　　　　　　　　に掲載されたゲーデルの死亡記事
(広瀬健・横田一正『ゲーデルの世界』海鳴社,21 ページ)

　したがって,ゲーデルの証明は,数学の問題にとどまりえない.この意味で,ゲーデルの証明は,先にカントールやマルクスに関してのべた文脈において読まれなければならない.あるいは,一般的に形式化がもたらす問題として読まれることができる.
　　　　　　　　　　——柄谷行人「言語・数・貨幣」
　　　　　　　　　　(『内省と遡行』講談社,119 ページ)

6.1 完全性定理

クルト・ゲーデル（Kurt Gödel, 1906-1978）は，チェコスロバキア出身の数学者である．人種的・文化的にはドイツ人であるが，のちにアメリカ国籍を取得した．生まれたのは当時オーストリア゠ハンガリー二重帝国が支配していたチェコスロバキア（現在はチェコ共和国）モラヴィア地方の中心都市ブルノ（Brno，ドイツ語ではブリュンBrünn）で，1906年4月28日のことであった（図6.1）．ここは遺伝法則で有名なメンデルや作曲家ヤナーチェクがいた町でもある．

ついでながら，私の友人でブルノ出身の人が2人いて，そのうちの1人は「母がゲーデルの母と親しかった」といっていた．その友人によると，ゲーデルのお母さんは「あまり人付き合いのいい人ではなかった」そうである．ゲーデルも「非常に無口，人嫌い」などといわれているが，大恋愛をして，奮闘努力の末，両親の反対を押し切って結婚したという面もある．彼はその奥さん――6つ年上のアデルさんを一生愛し続けたのだから，「どうしようもない人嫌い」とはとても思えない．彼自身は人付き合いが苦手と思っていたらしいが，その人柄を敬愛する人々がいたのも事実であるし，アインシュタインやフォン・ノイマン，日本人では竹内外史氏などとは親しかったようである．

彼は1924年にウィーン大学に入学し，最初は物理学を勉強していたが，途中から数学専攻に移る．そして1929年

図 6.1 ブルノ近辺の主要都市

ブルノからオーストリアの首都ウィーンまでは 125 キロ，国際列車 SANSSOUCI 号で約 2 時間の距離である．

ゲーデル

```
                ┌─────────┐
                │ 特定の   │
                │ 数学的   │
                │ 公理系   │
        数学の   │         │   数学的
        公理系   │         │ = 体系
                │         │
                ├─────────┤
                │ 等号の公理系 │
推論規則群 × │ 論理公理系      │
```

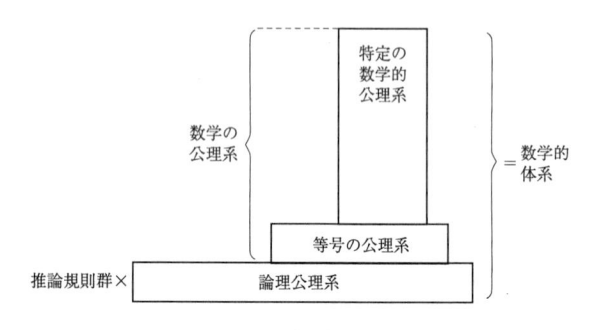

図 6.2　数学的体系の論理的構造（図 4.5 再掲）

に学位論文を提出し，その中で論理体系についての「完全性定理」を証明した．これは超数学の中で基礎的な地位を占める定理であるから，まずその意味内容を説明しておこう．

　数学の形式的体系は，すでに述べたように，おおざっぱにいって次のような構造をもっている（図 6.2：なお 167 ページの説明では「等号の公理系＋特定の数学的公理系」と書いていたところを，まとめて「数学的公理系」にしている）．

　　　数学的体系＝(論理公理系＋数学的公理系)
　　　　　　　　×推論規則

そこで無矛盾性や完全性の分析を，基礎となる論理の部分から始めるとよいであろう．というわけで，最初に取り上げられたのが

　　　論理体系＝論理公理系×推論規則

である（なお論理体系としてはいろいろな形・記号法のものが発表されているが，具体例としては168ページの表4.2で示した我々の体系Lを考えておけばよい）．

論理体系の無矛盾性は，「証明できる文は恒真文である」ということから容易に導かれる（215ページ，事実4）．しかしその完全性はそう簡単には得られず，ヒルベルトとその弟子アッケルマンとの共著『記号論理学の基礎』(1928, 邦訳 1974) の中でも未解決の問題とされていた．ゲーデルはその問題を肯定的に解決したので，それは論理体系のよい性質を確認した，大きな前進であった[1]．

ここでいう「完全性」は

　　　恒真文は例外なく，かならず証明できる，

いいかえれば

　　　すべてのモデルで正しい論理式は例外なく，かならず証明できる

---

1) 詳しくいえば「1階述語論理の完全性」である（用語「1階」については，203ページ「述語論理の階数について」参照）．なお本文では明記していないが，この 6.1 節では1階述語論理を扱うので，ここで「論理式」というのはすべて1階述語論理式であり，公理もすべて1階述語論理式で記述されるものとする（6.2 節以下では高階述語論理も扱うが，あまり気にする必要はないので，いちいち断らない）．

　なおこの完全性は，スコーレムの 1922 年の論文の結果からすぐ出てくることが，あとになって指摘された．しかしスコーレムは完全性定理の形では述べなかったし，細かくいうとゲーデルの方が少し強い結果を証明している．いまでは（ヘンキンの意味の）完全性がさらに広い論理体系（2階述語論理）で成り立つこともわかっている．

という意味である．「正しい」とは意味内容にかかわる概念であるから，これを内容的完全性という．そしてこの意味の完全性に関連する，次の事実が成り立つ．

事実 A　論理式 V が論理体系から証明できないときは「論理公理をすべてみたすが，V をみたさない」ようなモデルが存在する．

いいかえれば「V をみたさない，論理体系のモデル」が存在する，というのである．そこからただちに，次の定理が導かれる．

定理 1（論理体系の完全性）
　　論理体系は，内容的に完全である．
　［証明］　証明できない論理式は，すべてのモデルでは成り立たない（事実 A）．
　いいかえれば（その対偶：166 ページ表 4.1 の (2) を考えると），
　　すべてのモデルで成り立つ論理式（恒真文）は，必ず証明できる．
　したがって，論理体系は内容的に完全である．［証明終］

これが彼の完全性定理である．前に述べた事実 4 の内容（215 ページ）とあわせると，任意の論理式について
　　恒真文である　⇔　証明できる

がいえたことになる．

この定理は，ヒルベルトが「そうあってほしい」と期待し，多くの人が「たぶんそうだろう」と予想していたことであったためか，一般の入門書ではあまり重要視されておらず，それほど詳しく解説されていないことが多い．しかしこれは，基礎の「論理体系」の部分にとどまらず，一般の数学的体系に対してもはっきりした意味をもっている．その理由は，定理 1 から，次の定理が導かれるからである．

定理 2（一般的体系の内容的完全性）
　数学的公理系 S は，次の意味で完全である．
　　その公理系 S をみたすすべてのモデルで正しい性質は，
　　数学的体系＝（論理公理系＋公理系 S）×推論規則
　　の中で証明できる．

特定のモデルを想定していない一般的な公理系では，その公理系にあてはまるすべての世界で成り立つ事柄，つまり「すべてのモデルで正しい文」の証明ができればよい．だから内容的完全性を考えるのが自然である．そして幸い，われわれにおなじみの公理系 D やいわゆる群論の公理系，ベクトル空間の公理系など（に等号の公理系をつけ加えたもの）はすべて，内容的に完全である．

ついでによけいなことをいうと，ユークリッドの公理系（もとの形）は，『原論』のすべての定理を証明する基礎と

しては不完全であったが，一般的な公理系としてなら，もとの形のままで完全である——そこからいくつかの定理が証明できなくなるとしても，それは

> 「そういう定理が成り立たないようなモデルが存在する」

からなので，「特定のモデルを想定していない，一般的な公理系」としては気にしなくてよい（詳細は 272 ページ「定理 2 をめぐって」参照）．

6.2 不完全性定理

ゲーデルの完全性定理は 1930 年に公表されたが，彼は同じ年に，真に画期的な成果「不完全性定理」を証明した．弱冠 24 歳，すさまじい集中力である．論文は『数学物理学紀要』に投稿され，11 月 17 日（なぜか，"将棋の日"）に受理されて，翌 1931 年のはじめに出版された．これは超数学の重要な結果であるが，さっき説明したばかりの「完全性定理」との間に，何だか矛盾があるようにも見えるであろう．そこでまず，不完全性定理と完全性定理との比較，特に「言葉の意味の違い」の説明をしておこう．

論理体系の完全性が解決されると，次の目標は数学的体系，とりわけもっとも基本的な自然数論の無矛盾性・完全性である．特に無矛盾性は，ヒルベルトが 1900 年の講演でも取り上げた問題であり，アッケルマンやフォン・ノイマンなどヒルベルト門下の俊才たちが熱心に取り組んでいた．ただ今度は「自然数」に的をしぼるので，前の節とは

違って「特定の世界のための公理系」を考えるべきである——「すべてのモデルで一般的に成り立つ性質」ではなく，
  自然数について成り立つ性質
をみな証明できるかどうか，が問題なのである．だから前に述べた完全性では不適当で，次の意味の完全性を考えたい．

　（ア）　特定モデルにおける完全性：そのモデルで正しい文は，すべて証明できる．

　ついでながらユークリッドも「特定モデル」，すなわち
  「我々が現実に住んでいるこの世界」
で正しい文を厳密に証明しようとしていた．残念ながら彼の公理系には，すでに述べたように不備なところがあったし，「現実の宇宙空間」の性質を調べるのは数学の問題ではなく，物理学の問題になってしまう．しかしともかく2000年以上もたってからのヒルベルトの修正によって，
  『原論』のすべての定理を証明するのに十分な公理系，
ちょっと大胆にいいかえれば
  ユークリッドが想定した幾何学的世界の性質を，完全にとらえた公理系
が完成したのであった．

　自然数の世界を考える場合にも（ア）でよさそうにみえる……かもしれないが，自然数の集合や関数まで含めた一

般的なモデルを作るのは,有限の立場では非常にむずかしい.素朴な直観を満足させる"理想の世界"を"想像"することはできても,無矛盾性・完全性の証明の基礎として使える厳密なモデルは,構成しにくい——というよりは「作れそうもない」のである.そこで少し見かたを変えて,次のように考えてみよう.

どんな文 P についても,排中律

$$P \text{ かまたは } -P$$

は恒真文であり,内容的に「どちらかは正しい」と考えられる.P があいまいさのない文,つまり代名詞などを含まない文(あるいは自由変数を含まない,いわゆる閉じた論理式)なら,自然数の理想的世界で

$$P \text{ と } -P \text{ のうちの,どちらが正しいか}$$

もきまっているであろう.それなら「そのどちらかが証明できる」ことを要求するのは自然である——ある公理系がこの要求を満たしていなければ,その公理系は「自然数の性質を,完全にとらえてはいない」といってよい.

この要求を正確に述べると,次のようになる(図6.3).

(イ) 形式的完全性:任意の閉じた論理式 P について,P それ自身か,その否定 $-P$ かのどちらかが,必ず証明できる[2].

---

2) この新しい完全性を内容的に「正しい文は証明できる」というふうに説明している本が多い.そうすると「不完全である」とは「正しいのに証明できない文がある」ということになる.それには

```
    ┌─ 一般の自然数論 ──────────────────────┐
    │  (集合論を含む)                           │
    │         ── 形式的に記述できる "閉じた文" で,│
    │            その真・偽が定まっているとは      │
    │            とても思えないものが無数にある.   │
    │   ┌─ 純粋の自然数論 ─────────────┐   │
    │   │  (集合論を含まない)                │   │
    │   │  ┌──────────────────┐  │   │
    │   │  │ 常識的・直観的な解釈のもとで,  │  │   │
    │   │  │ 真・偽が確定している範囲      │  │   │
    │   │  │  2+3 = 5 (真), 11+17=1117 (偽) │  │   │
    │   │  │   W(314159), G(1117), ……      │  │   │
    │   │  └──────────────────┘  │   │
    │   └──────────────────────┘   │
    └────────────────────────────┘
```

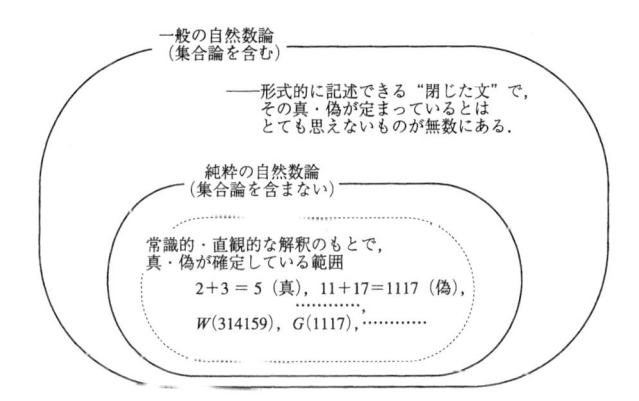

図 6.3 自然数論の文の真・偽

　自然数論は見かけ以上に複雑で,純粋の自然数論(集合論を含まないが,関数記号の使用を認める1階述語論理で記述される)に話を限っても,全体的なモデルの構築は困難であり,「文の真・偽が一義的に定まっている」とはいえない.しかしある枠内で,部分的ではあるが「自然なモデル」を作り,その範囲内の論理式については「常識的・直観的な解釈のもとで,真・偽が確定している」と考えることができる(なお記号 W や G は,あとで出てくる).

　それなりの理由があるのだけれど,ちょっと誤解を招きやすいところがある.まず第一に,言葉を補わないと,内容的完全性との区別がつかなくなる.また自然数論に話を限っても,「正しい」というのは厳密に考えるとむずかしい概念で,話はそれほど単純ではない.もちろん

$$2+3 = 5 \text{ (真)}, \quad 11+17 = 1117 \text{ (偽)}$$

のように,通常の解釈のもとで("+" はふつうの加算を表しているとして)真偽が確定していると考えられる場合もたしかにあるし,その真偽を機械的な計算によって,確実に判定できる場合も

このように「モデル」とか「正しい」という言葉を避けて、「どちらかは正しい」ともいわずに
　　「どちらかが証明できる」
といっておくと、「正しさ」の内容に立ち入らずにすむし、モデルの構成を考える必要もなくなる．そのためこの定義（イ）は形式的に扱いやすく、これからの主役になる．

　ついでに念のため、「無矛盾性」の定義も明記しておこ

ある．またそのことは超定理の証明の中で、積極的に利用されている．しかし真偽の具体的・機械的な判定が原理的に不可能な場合もあるし、またある場合は真偽が確定しているかどうかさえ定かでない（モデルがひとつとは限らない）．「数学的な内容を持つ以上、原理的には真偽があらかじめ定まっているはず」とはいえないのである（体系によっては、227ページの脚注で触れた「連続体仮説の独立性」までからんでくる）．このような事情があるので、これからは完全性の定義については、「正しい」という言葉を含まない、形式的な定義（イ）にしたがって話を進めることにしたい．

　このへんはひじょうにデリケートなところであるが、念のためにまとめておけば、次のようなことである．
　①　形式的体系の中で：公理とは記号列、推論とは機械的な記号列処理であって、意味内容とは無関係に操作を進められる．
　②　完全性の定義について：意味内容から離れた、形式的定義（イ）を採用しておく．
　③　論理式の解釈について：ある基本的な論理式については通常の解釈のもとで意味内容、特に真・偽を確定することができる．しかしすべての論理式について「真・偽が確定している」とは必ずしもいえない．
　ついでにつけ加えておくと、
　④　超数学の証明の中で：確定している範囲内での意味内容は、積極的に利用する．

（ウ）　形式的無矛盾性：どんな文 M についても，M とその否定 $-M$ とが，両方とも証明されることは決してない．

　この意味での完全性と，前に扱った内容的完全性との違いは，次の例を眺めてみればよくわかる，と思う．

　事実 D　おなじみの公理系 D は，内容的には完全であり，形式的には不完全である．

　実際，第 5 章の事実 7a, b (217〜218 ページ) で述べたように，閉じた論理式
$$W：すべての a, b に対して，適当に x を選べば$$
$$x+a=b$$
も，その否定 $-W$ も，公理系 D からは（等号の公理系を加えても）証明できない．したがって公理系 D は，形式的には不完全である．

　特定のモデルを想定していない場合には，排中律（P または $-P$）を認めても，「そのどちらが正しいか」がモデルによって異なるかもしれず，「一般的にはどちらも証明できない」（形式的に不完全）としても，ちっともおかしくない．そういう場合には，内容的な完全性（すべてのモデルで正しい論理式は，証明できる）の方が重要であり，

幸いそれは，定理2によって保証されている．

このように目標が定まった上は，何とかして自然数論の無矛盾性や（形式的）完全性を証明したい．それがヒルベルトたちの目標であり，しかも一時は「もう少しで手がとどきそうだ」という希望が生まれていた．実際アッケルマンとフォン・ノイマンとは，ある制限された自然数論の無矛盾性の証明に成功し，その制限は「あまり本質的なものではないだろう」と思われていた．「解析学の領域に攻め入るための細部にわたったプラン」も作成されていた，という（ワイル）．ところがゲーデルは，彼らの予想とはまったく逆に，次のことを証明してしまった（少し簡単に述べておく）．

定理3 自然数論を含む述語論理の体系 Z は，もし無矛盾ならば，形式的に不完全である．

Z はどんなに複雑な公理系であっても，無矛盾でありさえすればよい．「Z では足りない」といって何か公理をつけ加えたところで，新しい体系 Z も「自然数論を含む」から，無矛盾ならばやはり不完全である——どんな公理をいくらつけ加えても，定理3の網からは逃れられない．いいかえれば

　　　自然数の性質を，公理系によって完全にとらえるのは不可能である

ということである．これが彼の有名な，不完全性定理である．自然数の理論でさえ不完全にならざるをえないのだから，実数の理論やさらに一般の数学的理論はもちろんすべて，形式的に不完全である．

なお定理の条件「もし無矛盾ならば」は省くわけにゆかない．公理系に矛盾があり，ある文 M とその否定 $-M$ とが両方とも証明されてしまうと，M が何であろうと，そこからすべての文が導きだされてしまう（219ページ，事実8）．だから皮肉なことであるが，

　　　　矛盾を含む公理系は，すべて完全

なのである．しかしそんな公理系をみたすモデルは存在しないから，そこでの証明には形式的にも内容的にも，何の意味もない．

定理3の証明は，おおよそ次のような段階を踏んで行われる．まず前提として，次のことを注意しておこう．

0) Z は自然数の理論を含むので，その中の文は，数式を含む一般の論理式である（なお「自然数」とは，ゲーデルの体系では0を含む非負整数 $0, 1, 2, 3, \cdots$ のことである）．

文（論理式）の具体例としては

　① $n = 17$

とか

　② ある k について　$n = 2 \cdot k + 1$，

　③ ある a について，すべての x に対して
$$x + a = x$$

など，またそれらから「でしかも」や「ならば」などを使って組み立てられる論理式を考えるとよい——ゲーデルの記法とは違うけれど，実質的にそのような文が許される．

これらの文は，自然数の性質について何かを語っている．たとえば2番めの文は，通常の解釈のもとで

n は奇数である

という性質を表現している（$k = 0, 1, 2, \cdots$ に対して $n = 1, 3, 5, \cdots$ となる）．だから

「表現する」のは論理式，「表現される」のは自然数の性質

ということである．

さてそこで，次のようなことを行う．

1) すべての記号・すべての記号列を，ある自然数で表す．

これは一種の「暗号化」と思えばよい．個々の記号7とか x などはもちろん，上に例示した文（記号列！）でも，もっと複雑な論理式でも，ある一定のしかたで，それぞれ固有の数に置き換えられる（表6.1参照）．ついでにいうと，ある数を表す記号列，たとえば"1117"も，同じやりかたでひとつの数に置き換えられる（もとの数より桁違いに大きくなる）．

ある記号列を表す数（暗号）を，その記号列のゲーデル数という（ただし記号"列"といっても，1文字の場合も含

記号・記号列	ゲーデルの符号 (ゲーデル数)	コンピューターの符号 (JIS 規格)
1	2×3^3 $= 54$	00110001 ($= 49$)
3	$2 \times (3 \times 5 \times 7)^3$ $= 2315250$	00110011 ($= 51$)
x	17	01111000 ($= 120$)
13	$2 \times (3 \times 5 \times \cdots \times 43)^3$ $=$ 約 5.598×10^{47}	00110001 00110011 ($= 12595$)
$x13$	$2^{17} \times 3 \times (5 \times 7 \times \cdots \times 47)^3$ $=$ 約 4.232×10^{30}	01111000 00110001 00110011 ($= 7876915$)

表 6.1　記号列の符号化

"13" および "$x13$" を表すゲーデル数の ( ) の中は, 連続する 13 個の素数の積である (なおゲーデルは数 1 を "$0'$", 3 を "$0'''$" というように, 数 n を「0 のあとに ' (ダッシュ) を n 個つけた列」で表した).

コンピューターの符号は二進数で, それに等しい十進数を括弧の中に示した (記号の符号を並べれば, 記号列の符号になる).

ゲーデル数の定義は技巧的であるし, あとの説明にまったく影響しないので, 省略する.

むとする). ゲーデル数から逆に, もとの記号列を正確に復元できる (暗号解読!). そのような暗号化 (符号化, coding) ができることは

　　「コンピューターの中では, すべての文字・記号が
　　　数で表されている」

ことを思えば, ふしぎなことでも何でもない.

2) この暗号化によって，

「表現する」のが自然数，「表現される」のが（論理式を含む）記号列

という，さっきと逆の構図が現れる．このように記号列が自然数で表され，自然数の性質が論理式で表せるのなら，これらをつなぐと

記号列の性質を表す論理式

も作れるはずである．たとえば，文字 x のゲーデル数をかりに 17 とすると，

$$n = 17$$

という等式は，「n は 17 に等しい」とも読めるが，

「n は文字 "x" のゲーデル数である」

とも読めるし，

「"n の表している記号列" がひとつの文字 "x" である」ときに真となる論理式

とも解釈できる．

このような解釈のもとで，ゲーデルは次のような性質をもつ論理式を具体的に作ってみせた（ほんとうは非常に複雑な論理式であって，全部きちんと書くのは面倒なので，ここでは $W(n)$ と略記する）．

$W(n)$ ⇔ n は，ある論理式のゲーデル数である
  （n が表現している記号列は，ひとつの論理式である） ……（※）

このようなとき「$W(n)$ は論理式を表現している」という

(なお W は、「形式的に正しく作られている式」well-formed formula の頭文字である——276 ページ「表現ということ」参照).

3) そればかりではない。彼はロボットのように強力な腕っぷしと悪魔のように巧妙なアイデアでもって、

　　この論理式 G は証明できない

ということを表現している論理式 G を、具体的に構成してみせるのに成功した。その論理式 G をゲーデル文という。この G は「自分自身の証明不可能性」を表現しているわけで、明らかに「自己言及」を含むあやしげな文であるが、これさえできれば、あとの議論のあらすじが見えてくる。

4) G もその否定 ($-G$) も、証明できない。
① もし G が証明可能だとすると、G 自身がいっていること、すなわち「G は証明できない」と矛盾する。
　これは「ウソつきパラドックス」とよく似た構造である。
② もし G の否定 ($-G$) が証明可能だとすると、

　　「G は証明できない」ことの否定が証明できる

ことになる。論理の法則から、2 重否定は肯定と同等なので、

　　「G が証明できる」ことが証明できる

ことが導かれる。これは実質的に（形式的にはある仮定 ω のもとで）

G が証明できる

ことと思ってよい．一方，$(-G)$ も証明できるのだから，G と $(-G)$ が両方とも証明できたことになる．これもやはり矛盾である．

このように，G が証明できるとしても $(-G)$ が証明できるとしても矛盾が発生するので，もし体系 Z が無矛盾ならば，どちらも証明できない．すなわち Z は不完全である．

以上のことを超数学の立場できちんと述べれば，Z の不完全性の証明になる．ただその途中で，ゲーデルはある仮定 ω をおかざるをえなかった（いわゆる ω-無矛盾性：それが前に，定理3を「少し簡単に述べておく」と断った理由である）．しかしその後，そのような仮定はなくてもよいことが示された（J. B. ロッサー）——だから定理3は，けっきょくそのままで正しい（ただしゲーデルの証明には部分的な修正が必要である）．

このようにほんの少し証明まで立ち入ってみると，おもしろいことがわかる．Z が無矛盾であれば，「G は証明できない」と解釈できる文 G は，事実証明できないのだから，たしかにある解釈のもとで正しい．だから次のようないいかたもできる．

定理3′ Z が無矛盾ならば，正しいのに証明できない論理式がある．

これがあちこちの解説書で見かける，不完全性定理の「普及版」である．ここでは「正しい」という内容的な言葉は避ける方針であったが，この定理 3 は「ある解釈のもとで」という限定をつければ誤りではなく，わかりやすいかもしれない[3]．

　この証明の基本的な構造は，ゲーデル自身もいっているように，ウソつきパラドックスと密接な関連がある．しかしウソつきパラドックスは本当の逆理（矛盾）であるが，ゲーデル文 G はそうではない．それが「証明できる」とすると矛盾をひきおこすけれど，「証明できない」とすれば何事もない——パラドクシカル（逆説的）ではあっても，パラドックス（逆理）ではないのである．ただ数学の危機を解消するためにラッセルが工夫した「自己言及の追放」は，あっさり破られてしまった．「表現するもの」がゲーデル数によって，解釈のレベルでは「表現されるもの」にひきずりおろされてしまうので，自己言及がまぎれこんでしまうのである．

　参考までに，G の作り方のあらましを述べておこう（面倒に思われる方は，次の 6.3 節まで飛ばしてかまいません）．基本方針は「対角線論法」であるが，形式体系の中でこれを実行するには，かなりの準備が必要である．

---

[3] 「通常の解釈のもとで真偽を判定でき，しかも」という限定でもよい．しかしその論理式 G が，すべてのモデルで正しい恒真文ではないことも，知っておいて損はない．

ゲーデルは「論理式である」ことを表現する論理式 W だけでなく，次のような論理式 "Provable" や関数 "sub" などをも，体系 Z の中で具体的に構成できることを示した．

　　　Provable(m)　⇔　m はある論理式のゲーデル数
　　　　　　　　　　　　であり，しかもその論理式は体
　　　　　　　　　　　　系 Z の中で証明できる
　　（m が論理式のゲーデル数でなければ，
　　　Provable(m) は偽である）

つまり論理式 Provable(m) は，m が表す記号列を体系 Z の中で「証明できる」ことを表現している．"Provable" とはもちろん略号にすぎず，上のように書くだけなら誰にでもできるが，

　　　その中身を，Z の中の形式的な論理式として，具体的に書ける

ことを示すのはたいへんな力仕事であり，よくもまあひとりでやったものだ，と思う（若さの勝利？）．

次の関数もおもしろく，証明の中で何重にも使われる．
　　　sub(m, n, k) = "m が表す記号列 α の中の，n が表
　　　　　　　　　　す記号列 β を，k が表す記号列 γ
　　　　　　　　　　でおきかえて得られる記号列" のゲー
　　　　　　　　　　デル数．

「m が表す記号列 α」とは，「m が記号列 α のゲーデル数

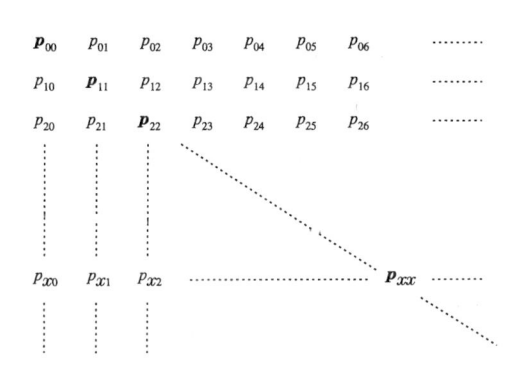

$$
\begin{array}{ccccccc}
\boldsymbol{p_{00}} & p_{01} & p_{02} & p_{03} & p_{04} & p_{05} & p_{06} \quad \cdots\cdots \\
p_{10} & \boldsymbol{p_{11}} & p_{12} & p_{13} & p_{14} & p_{15} & p_{16} \\
p_{20} & p_{21} & \boldsymbol{p_{22}} & p_{23} & p_{24} & p_{25} & p_{26} \\
& & & & & & \\
p_{x0} & p_{x1} & p_{x2} & \cdots\cdots\cdots\cdots\cdots & & & \boldsymbol{p_{xx}}
\end{array}
$$

図 6.4 対角線論法

$p_{mn} = \mathrm{sub}(m, 17, g(n))$ とおいて，

$$p_{m0},\ p_{m1},\ p_{m2},\ \cdots$$

を第 m 行に並べると，上のような無限の"配列"ができる．m が論理式を表現しているとは限らないから，p_{mn} の大部分は「わけのわからない記号のでたらめな列」を表現している．しかし必要な論理式に関係するゲーデル数はすべてここに含まれているので，任意の論理式 $P(x)$ について，そのゲーデル数を m とすると，

$$P(0),\ P(1),\ P(2),\ \cdots$$

のゲーデル数が第 m 行に並んでいるはずである．

そこで $\mathrm{sub}(x, 17, g(x))$ という関数を考えると，その値はもちろん対角線上の x 番めの値 p_{xx} に等しい．また

$$G(x) = -\mathrm{prov}(\mathrm{sub}(x, 17, g(x)))$$

とおいてそのゲーデル数を 1117 とすると，

$$G(0),\ G(1),\ G(2),\ \cdots$$

のゲーデル数が第 1117 行めに並んでいる．

（細かいことをいうと，関数 $\mathrm{sub}(m, 17, g(n))$ は文字 x を含んでいてはならない．これは変数 m, n だけの関数だから，中で補助的に使われる変数（束縛変数）として文字 x を使わなければよいので，気にしなくてよい．）

である」ことを意味している．だからこの関数は，前に述べた記号列操作

　　　Sub$[\alpha, \beta, \gamma]$　　　（157ページ）

の「ゲーデル数」版といえる．また次の2つの関数は，それほど複雑ではないが，だいじなところで役に立ってくれる．

　　　$g(m) =$ "自然数 m を表す記号列" のゲーデル数
　　　$neg(m) =$ "m が表す記号列の前に，否定記号 − を
　　　　　　　　つけ加えて得られる列" のゲーデル数

さて，変数 x のゲーデル数をかりに 17 とする．そして

　　　sub$(m, 17, g(n))$

という2変数関数を考える．すると m がある論理式 $P(x)$ のゲーデル数である場合，次のことがいえる．

　　　sub$(m, 17, g(1))$
　　　　$=$ "m が表す記号列の中の，17 が表す記号列を，
　　　　　　$g(1)$ が表す記号列に置き換えて得られる記号
　　　　　　列" のゲーデル数
　　　　$=$ "$P(x)$ の中の x を，1 に置き換えて得られる
　　　　　　記号列" のゲーデル数
　　　　$=$ "$P(1)$" のゲーデル数．

同じように

　　　sub$(m, 17, g(2))$ は "$P(2)$" のゲーデル数，
　　　sub$(m, 17, g(3))$ は "$P(3)$" のゲーデル数，

$\mathrm{sub}(m,17,g(4))$ は "$P(4)$" のゲーデル数,
……………

となり, 一般に

$\mathrm{sub}(m,17,g(n))$ は "$P(n)$" のゲーデル数である

といってよい. だから図 6.4 のような記号列（のゲーデル数）の大群が,

$$\mathrm{sub}(m,17,g(n))$$

によって統一的に表されるわけである. そこで 1 変数関数

$$\mathrm{sub}(x,17,g(x))$$

を考えると, これは図 6.4 の大群から, 対角線上の成分（のゲーデル数）を抜きだす関数になっている.

これにさらに「ひねり」を加えてみよう.

$$-\mathrm{Provable}(\mathrm{sub}(x,17,g(x)))$$

以下これを $G(x)$ で表す. これは体系 Z の中のひとつの論理式であるから, そのゲーデル数を考えることができる. そこでその値（"$G(x)$ を体系 Z の中で具体的に書き表した論理式" のゲーデル数）をかりに

$$1117$$

としよう（本当はこんな小さな数ではなく, 何ケタになるかも見当がつかないくらい大きな数である）. すると

$G(x)$ の x に 1117 を代入した結果

（それを $G(1117)$ で表す）

がまさに, 望みのゲーデル文である. そのことは, 次のようにしてたしかめられる.

$G(1117)$

$\quad \Leftrightarrow \quad -\mathrm{Provable}(\mathrm{sub}(1117, 17, g(1117)))$

$\quad \Leftrightarrow \quad \mathrm{sub}(1117, 17, g(1117))$ が表している論理式は，証明できない

$\quad \Leftrightarrow \quad$ 論理式 $G(x)$ の x に 1117 を代入して得られる論理式は，証明できない

$\quad \Leftrightarrow \quad$ 論理式 $G(1117)$ は証明できない．

これは「いわれてみれば簡単」かもしれないが，力仕事だけではないアイデアが必要で，まさに「天才の一撃」である[4]．

---

4) "$-\mathrm{Provable}(x)$" も体系内のひとつの論理式であるから，そのゲーデル数（かりに 109 とする）を x のところに代入した，
$$-\mathrm{Provable}(109)$$
を考えればいいだろう——と思われるかもしれない．しかし
$\quad -\mathrm{Provable}(109) \quad \Leftrightarrow \quad$ "$-\mathrm{Provable}(x)$" は証明できない
ということなので，これは「自分自身の証明不可能性」をいってはいない．つまりほんとうのゲーデル文ではないので，これでは定理 3 の証明はうまくいかない．

なお
$\quad \mathrm{True}(m) \quad \Leftrightarrow \quad m$ が表している記号列は正しい
という述語 True は，このように直観的に定義することはできるが，体系 Z の中の論理式として具体的に書き表すことはできない——そんなことがもしできたとしたら，
$$-\mathrm{True}(\mathrm{sub}(x, 17, g(x)))$$
を利用してウソつきパラドックスそのものを Z の中で実現することができ，Z 全体が論理的に破産してしまう．幸い「正しい」という概念を形式的に表現することは不可能なので，そういうことは決して起こらない．

6.3 第2,第3不完全性定理

不完全性定理（定理3）は，ゲーデルの論文
"プリンキピア・マテマティカその他のシステムの中の，形式的に決定不可能な命題について，I"
の中で，詳しい証明つきで発表された(1931)．しかし，その基本的なアイデアは，口頭では前の年に発表されているし，簡単な抄録も印刷されている．ある学会でそれをきいた天才数学者フォン・ノイマンは，即座に理解し，ひじょうにくやしがったと伝えられている．彼は頭の回転が異常に速く，「悪魔のように鋭い」とか「実は悪魔だった」とまで噂された人であるから，もし不完全性定理を狙っていたら，やってのけたかもしれない．しかし彼の周囲は無矛盾性・完全性が「成り立つ」と思っていたので，不完全である可能性はあまり深く考えていなかった．

フォン・ノイマンはゲーデルを高く評価し，一生のよき友人となった．のちにゲーデルをプリンストンの高級研究所に招いたのも，このノイマンの力である．また同じ論文の中にあるゲーデルの次の定理も，「ノイマンの示唆による」という説がある．

定理4 Z がもし無矛盾ならば，Z の無矛盾性を Z の中で証明するのは不可能である．

この定理は最後にちょっと触れられているだけで，証明

はおおざっぱな方針しか書いてない——その「おおざっぱ」さは，そこまでが比較的ていねいにわかりやすく書かれているのにくらべて，何とも不自然なことである．それがさっきの長い表題のさいごに"I"をつけて，続編があることを示した理由のひとつであるし，「ノイマンの示唆でわかった事実を大急ぎで書き加えた」可能性もある[5]．しかしこれは証明だけでなく，内容的にもわかりにくい定理で，いろいろな誤解を生んでいるから，少していねいに説明しておこう．

まず

　　　「Zの無矛盾性をZの中で証明する」

---

5) 論文 (I) では，「ひとつの自然数論」（ラッセルの高階述語論理体系＋自然数論のペアノの公理系）に議論を限定していて，「自然数論を含むすべての体系」についての一般的な定式化と証明は，実は行われていない．それを「引き続き出版される予定の論文 (II) で実行し，定理4の詳しい証明も書く」というのが，(I) の末尾に明記されている，ゲーデルの公約であった．しかし続編 (II) は，結局書かれなかった．その理由は私は「めんどうだった」からではないか，と想像している（胃が悪くて不眠症になり，それどころではなかった，という説もある）．あまりうまいとはいえない定理4の略証の，方針説明だけを手直ししても論文にはならないし，そこをきちんと書こうとすると非常に長くなる．しかもそれは，前の論文 (I) を理解した人にとっては「できてあたりまえ」のことであった．「彼は，(I) について反発があれば書くつもりだった」という説もあるが，書きやすいものなら反発があろうとなかろうと書いたんじゃないか，と私は思う．なお定理4のきちんとした証明は，ヒルベルトとベルナイスの『数学の基礎づけ』（第2巻，1939）の中ではじめて与えられた．

とはどんなことだろうか．そんなことが，かりにできたとしても

　　　「私はウソを申しません」

と本人がいっているようなもので，Z の無矛盾性の客観的な証明にはまったくならない．しかしそれが「できない」ということには，技術的な興味がある．まず最初にいっておくべきおもしろい事実は，

　　　「Z が無矛盾である」ことを表現している論理式，すなわち

　　　　　Z が無矛盾のときに正しく，Z が無矛盾でなければ成り立たない

　　　ような論理式を，Z の中で書いてみせることができる

ということである．その論理式を以下 Consis と略記する（無矛盾 consistent の略）．定理 4 は，その実質を正確にいえば，

　　　体系 Z が無矛盾のときは，この論理式 Consis が，体系 Z の中で証明できない

と主張しているのである．

　Z が無矛盾のときは，無矛盾性の否定－Consis も証明できるわけがない——だから

　　　「Consis も－Consis も証明できない」

ことになるが，これもまた，Z の不完全性を示している．

そこでこの定理4を第2不完全性定理といい，これと対比するときは前の定理3を第1不完全性定理という（278ページ「第2不完全性定理の証明のあらまし」を参照）．

　この第2不完全性定理によって「無矛盾性を証明しようというヒルベルトの計画はとどめを刺された」という人がいるけれど，そのいいかたはちょっと乱暴すぎる．ゲーデル自身，後で否定したが

> 「この定理はヒルベルトの形式主義的見解と相反するものではないし，形式的体系の内部では表現できない，有限の立場による証明もありうる」

といっていたし，少なくとも第2不完全性定理だけから「無矛盾性の，有限の立場による証明はできない」などというのは論理的でない．「有限の立場」についての経験と超数学的判断を抜きにしては，何もいえないはずなのである．

　参考までに，私が思いついた定理をひとつ紹介しておこう．

定理5 Zがもし無矛盾ならば，Zの不完全性をZの中で証明することはできない．

　これを「第3不完全性定理」と呼んでもまあ，いいすぎにはなるまい．「私が思いついた」と書いたのは，ほかの本で見たことがないからであるが，あまり自慢にもならない

のは，これが定理4からただちに導かれるからである（専門家なら「あったりまえ」というであろう）．しかしこの定理，正確にいえば「この定理を形式的に表現している論理式」が体系内で証明できるかどうかは，けっして自明のことではないし，私は少々疑っている（281ページ「第3不完全性定理とその証明の方針」参照）．

ゲーデルの第2不完全性定理からわかるのは，けっきょくのところ

> 有限の立場であろうとなかろうと，体系Zの中では表現できないような論法を使わないと，Zの無矛盾性の証明はできない

ということである．Zは自然数論を含むどんな体系でもよいので，その中の推論は有限の立場にとどまらず，どんな超越的な公理でも許される，なんでもありの世界である（図6.5）．しかし形式的な体系の中では内容的なことは必ずしも記述できないので，たとえば

> ある論理式"……"（具体的な記号列）のゲーデル数は813である

というような簡単なことが，形式的にはうまく表現できない．また

> 論理式"Provable"は，体系Zの中で「証明可能である」ことを**ほんとうに表現している**

などという議論も，体系の外でしかできない．「有限の立場」とはもともと，形式的体系について議論をするための

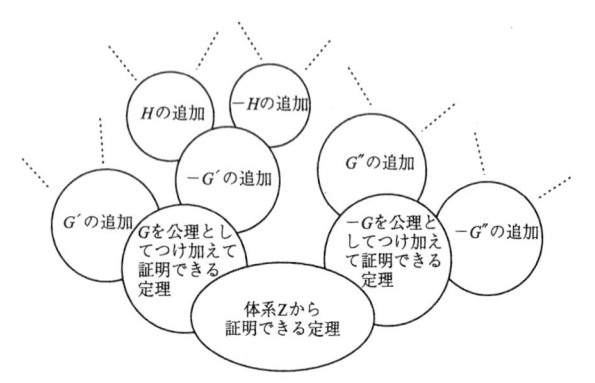

図 6.5 体系 Z の拡張

体系 Z からある論理式 H（あるいは $-H$）が証明できないときに，その否定 $-H$（あるいは H）を公理としてつけ加えても，無矛盾性が保たれる（Z に $-H$ をつけ加えて矛盾が出るなら，背理法によって Z から H が証明できる）．Z が無矛盾なら，ゲーデル文 G もその否定 $-G$ も証明できないので，①Z に G をつけ加えた体系 Z_1，②Z に $-G$ をつけ加えた体系 Z_2 はどちらも無矛盾である．このように体系を拡張すると，「証明できる定理」の範囲は図のように拡がるが，そこでもゲーデルの不完全性定理が成り立つ．だから，たとえば体系 Z_1 に対するゲーデル文 G' を構成でき，③Z_1 に G' をつけ加えた体系 Z_3，④Z_1 に $-G'$ をつけ加えた体系 Z_4 ができる．これらの体系は，もともとの体系 Z が無矛盾なら，すべて無矛盾でしかも不完全である．

なお Z が無矛盾であるとき，ゲーデル文 G は常識的な意味で正しい文であるから，$-G$ は誤りで，「$-G$ を公理としてつけ加えて，無矛盾な体系ができる」とは奇妙なことである．これは常識を越える（しかし無矛盾な）ある解釈によれば「$-G$ が正しく，G が誤り」ということで，その奇妙な解釈に従うと，健全な常識に基づく解釈が全部成立しなくなる．このようなところにも，「正しい」という言葉のあやうさ・むずかしさが隠されている．

「体系外の立場」であって，最初から形式的体系の枠外にはみでている部分がある．だからゲーデルが論文の中で「無矛盾性の証明の可能性がまったく否定されたわけではない」と書いたのは，その時点では当然のことであると私は思う．

ただ，無矛盾性の証明は見かけ以上にむずかしい目標であって，ヒルベルトたちのそれまでの経験を加味すると

> 有限の立場では，自然数論の無矛盾性は，とても証明できそうもない

ことがわかった．事実そのあとに見つかった無矛盾性の証明は，すぐあとに述べるゲンツェンの証明も含めて，どれも有限の立場の何らかの拡張を含んでいる（なお，なぜかあまりさわがれなかったがゲーデルの完全性定理の証明は，ヒルベルトが要求した「有限の立場」にはおさまっていない——肯定的な結果だったから「まあ，いいか」と見逃されたのだろうか）．

結局とどめを刺されたのは「無矛盾性，完全性などが有限の立場で遠からず証明できるであろう」というヒルベルトの楽観的な期待であって，ヒルベルトががっかりしたのは事実であるが，

> 数学の正しさを，数学的な問題として取り上げようという「超数学」までとどめを刺されたわけではない．ゲーデルの不完全性定理自身，ヒルベルトの計画から生まれたすばらしい成果のひとつであり，その後さらに多くの結果が得られている．たとえばヒルベルトの弟子ゲンツェン

(G. Gentzen, 1909-1945) は 1936 年に, 集合論を含まない「純粋の自然数論」の無矛盾性を証明した. これは本来の「有限の立場」にはおさまっていないが, いまでも光を失わない, すばらしい成果である. なおこの自然数論にも不完全性定理が成り立つので, まとめていうと次のようになる[6].

> 純粋の自然数論を含む体系 Z は, もし無矛盾ならば不完全である.
> 特に純粋の自然数論は, 無矛盾でしかも不完全である.

6.4 おわりに

ゲーデルはその後も超数学の分野でよい仕事をしたが, 何回も神経症——鬱病と偏執病に悩まされた. そういえば, やはり神経を病んだカントルの場合は「発作から回復したとき, 彼の頭脳はいつも異常に澄み切っていた」といわれるが, ゲーデルの場合はどうだったのだろうか. 晩年には, 妻アデルが 2 度の外科手術を受けてから (彼はその

---

[6] ゲーデルの不完全性定理が扱っている自然数論は, ラッセルとホワイトヘッドが『プリンキピア・マテマティカ』の中で与えた論理体系にもとづいているが, この体系は集合一般の自由な使用を認める, いわゆる高階述語論理である. しかしその証明をよく読むと, 核心部分は (述語 "Provable" や関数 "sub" などを含めて) 集合を使わずに, 1 階述語論理の言葉で記述できることがわかる. だから「核心部分は集合を含まない, 純粋の自然数論である」といってよい——Z は 1 階でも高階でも, 何でもよい.

6.4 おわりに

間献身的に付き添っていた), 彼自身の偏執病も進んでしまい,「中毒を怖れて拒食症にかかる」とか「入院を拒んで病状をさらに悪化させる」などのことがあり, 結局は入院したプリンストンの病院で, 1978年1月14日に椅子に座ったままで死亡した. 病院側は「心臓麻痺」と発表したそうであるが, 死亡診断書には「パーソナリティ障害による栄養失調と飢餓」と記されていたという (J. W. ドーソン「クルト・ゲーデルの生涯」大和雅之訳,『現代思想』1989年12月号, 166ページ). 親友のフォン・ノイマンはすでに亡く, 妻アデルもその3年後に亡くなって, いまは2人ともプリンストンの墓地に並んで眠っている.

このようにいかにも淋しそうな私生活とは正反対に, その業績はすばらしく, たくさんの名誉学位やアカデミー会員の栄誉が贈られた. 次に彼の不完全性定理がいかにすばらしいかについて, 私の個人的な見解を述べてみたい.

(1) まず「結果のスケールが大きい」と思う. 人間の知的な営みの中で, 最も客観的であり最も厳密であると信じられてきた数学の限界——もっと広くいえば

　　　客観的・形式的な方法が「完全ではありえない」と
　　　いう原理的限界

が示されたのである. これをもっとあっさり「人間の知性のある限界が示された」という人も多く, 数学の外にも大きな波紋を引き起こしたのは当然のことである.

(2) また「目標の設定を称賛すべきである」と私は思う．自然数論がまさか「不完全である」とは，トップクラスの数学者の多くが考えていなかった時点で，不完全性を予想して証明にとりかかったのは，驚くべきことである．

なお数学では「目標の設定」が運命の分かれ道になることが多く，たとえば5次以上の方程式について

　　　解の公式を見つけようと苦心に苦心を重ねたラグランジュ（1736-1813）と，一度失敗しただけで方向を転換し，解の公式が「存在しない」ことを証明したアーベル（1802-1829）

など，数学史上に有名な例がいくらもある．

(3) さらに「方法が独創的である」ことも忘れてはならない．ゲーデル数によって，超数学の概念（たとえば「証明可能性」）を自然数論の中に埋めこんでしまうのは，まったく新しいゲーデル独自の技法であり，現在では「超数学の算術化」と呼ばれて，基礎的かつ標準的な技法として活用されている．

(4) 「このような結果が，人間の知性によって，厳密に証明された」ことのすばらしさも，強調しておきたい．宗教家が「人間の限界」を説くのは昔からのことで，客観的な根拠なしに不完全性を宣言するぐらいのことなら，小川のせせらぎのようなもので，ある人の耳には心地よいかもしれないが，そこには実質的な意味は何もない．しかし

「人間の知性のある一般的な限界が，人間の知性に
よって証明された」
のははじめてのことであり，これはほんとうに驚くべきこ
とである，と私は思う．

(5)　さいごに，ゲーデルの不完全性定理が「理論の終わ
り」ではなく，「新しい理論の始まり」になったこともつけ
加えておきたい．このように
「大きな結果によって片付いたかに見える分野が，
新しい方向に，さらに豊かに発展していく」
のは数学のいろいろな分野でよくあることで，決してめず
らしいことではない．たとえばアーベルの定理によって「5
次方程式の解の公式を見つける」という期待はとどめを刺
されたが，方程式論は生き残り，美しいガロア理論へと発
展していったのであった．超数学の場合，その内容につい
てはむずかしくなるのでここでは説明できないが，ゲーデ
ル自身がその後，次のような仕事をしている．

①　集合論で有名な「選択公理」と「連続体仮説」が，
集合論の従来の公理系と矛盾しないことを証明した．
これはアメリカの数学者コーエン（P. J. Cohen, 1934-　）
の後年の仕事（選択公理と連続体仮説の独立性，1963）の
基礎であるが，コーエンはこの業績によって「数学界のノ
ーベル賞」といわれるフィールズ賞を与えられた．
②　いわゆる帰納的関数論の初期の建設に貢献した．

この理論はその後急速に発達して，コンピューターの基礎理論にもつながっていった．

③ 従来の公理系では解けなかった難問を解決するための理想化された体系を構想し，新しい強力な公理を模索した．

この方向は，現代集合論の大きな潮流となっている．

ふりかえってみると，ヒルベルトはタレスと同じ「問題提起」とユークリッドのような「体系化」を行い，さらにゼノン風「精密化」にも貢献した．さすがは数学界のスーパースターである．一方ゲーデルは，それまでの誰とも比較できない，ユニークでしかも巨大な仕事をした——否定的な結果は，ピタゴラスの「整数比では表せない量の発見」以来たくさんあるが，不完全性定理はそれらとはスケールがまるで違う，まさしく記念碑的な業績である．「超数学」の立役者は，やはりヒルベルトとゲーデルであった．

［付記］ついでながら，ヒルベルトのロマンチックな標語
　　「われわれは知らねばならない．われわれは知るであろう」
は，ゲーデルの定理からそれが不可能とわかっているいまでも，私の好きな言葉である．特に「知る」というのが「何となくそう思う」とか「暗記する」ということでなく
　　「理解する」

ということであって，

　　　「納得するまで根拠を問う」知性

にもとづいていることに，私は感動を覚える．これこそ現代科学の源を築いた古代ギリシャ人の特性であって，これがいまの日本にもしっかり根付いていたら，怪しげな新興宗教にだまされて他人を殺傷するような人は出なかったろう——などと思うのは私だけだろうか．

[コラム] 定理2をめぐって▲━━━━━━━━━━

定理2は，定理1と次の事実から導かれる．

事実B 「公理系Sと論理公理系から文 T を証明する」ことができない場合，「文 T をみたさない公理系Sのモデル」が存在する．

[証明] 前の章で紹介した，次の事実を利用する．

事実9 論理公理系から $(H \to T)$ が証明できるならば，

前提 H と論理公理系から T が証明できる．

ところでこれは，次のようにいいかえられる（対偶の法則）．

H と論理公理系から文 T を証明できない場合には，論理公理だけから $(H \to T)$ を証明することもできない．

ここで H として，公理系Sの中のすべての公理を，「でしかも」でつないだ論理式を選んでみよう——以下それを S で表す．すると次のことがいえる．

① S と論理公理系から T が証明できないならば，論理公理系によって $(S \to T)$ を証明することもできない．

② したがって事実Aから，$(S \to T)$ をみたさない論理体系のモデルが存在する．

③ 「$(S \to T)$ をみたさない」とは，「S はみたすが T はみたさない」ということである（180ページ，脚注参照）．

④ したがってそのモデルは，公理系Sのモデルでもあ

るが，T をみたさない． [証明終]

 だから「Sのすべてのモデルで成り立つ論理式は，公理系Sと論理公理系から必ず証明できる」わけである．なお，定理2の逆，すなわち「公理系Sと論理公理系から一般的に証明できることは，Sのすべてのモデルで正しい」も成り立つ（216ページ，事実5），だから

　　Sと論理公理から証明できる
　　　　⇔　Sのすべてのモデルで正しい

といってよい．

 Sが無限個の公理から成る場合にも，次の事実を直接証明することができる．

事実C 公理系Sが無矛盾ならば，Sのモデルが存在する．

[コラム] 人間，形式化，コンピューター ■─────────

 ゲーデルの不完全性定理によって「人間の知性の限界が示された」という人もいるが，少し注意が要る．直接的には「形式化できる論証」の限界が示されたのであって，それ以外の人間の知性——形式化されていない価値観・感性・構想・意図・直観などまでにはかかわっていないからである．

 形式化の過程で「定義」の重要性が薄くなっていったのはすでに詳しく述べたとおりであるが，数学者にとっては

「定義こそイノチ」というところがある．数学者は実際には意味によって直観的にものを考えているので，鍵になる概念の定義に成功すれば

> 事柄はもう「見えて」いて，定理の記述や形式的な証明など，もはや手の運動

ということが珍しくない．だから数学者は言葉の魔術師になる：「群」とか「解析関数」という言葉によって，それまではっきり見えなかったたくさんの事柄が「見えてきた」ことは，注目に値する．また

> 「人間は形式体系（あるいは機械としてのコンピューター）とは違う」

ということは，意味を排除した「形式体系」の定義から明らかで，ゲーデルの不完全性定理を引き合いに出すまでもない．「x は y を愛する」という文を

$$\mathrm{Love}(x, y)$$

と記号化して，どれだけのことが扱えるか（どれだけのことが失われるか）を考えてみるとよい．

しかし数学者の感性や直観が「客観的には必ずしも正しくない」こともまた，証明するまでもなく明らかである．だからこそ数学者たちは「数学の形式化」を推し進めてきたので，「形式的に証明できる」ことこそ客観性の最高の保証である．そしてゲーデルの定理は，そのようにして作られた数学ないし数学的な理論のほとんどすべてにあてはまる（例外は，きわめて簡単で自然数の概念を必要としない理論だけである）．だから

　　　　「人間は，どのように価値観あるいは感性を活用し
　　　　ようと，正しいことのすべてに客観的な証明を与え
　　　　ることはできない」
というのは冷厳な事実であって，その意味でゲーデルの定
理は，人間の知性の「ある限界」を表している．

　人間はある意図をもって公理系を選び，ときには公理系
を変更することもできるけれど，そのようにして作られた
公理系が自然数の概念を含んでいるかぎり，ゲーデルの不
完全性定理から逃れられない．また最初に選んだ公理系
が，ある世界で絶対的な意味で正しいかどうかは，豊かな
公理系であればあるほど判定がむずかしく「多くの場合，
不可能」と思った方がよいのである．

　ところでコンピューターは，形式的に定義されている有
限的な作業であれば何でも，忠実に実行してくれる．そし
てそういう作業の中には，「記号列を作り出す」とか「それ
が文法的に正しい論理式であるかどうかを判定する」，ま
た「公理系から導かれる定理を次々と列挙し，もし必要な
ら印刷する」ことも含まれている．それにはたいへんな時
間がかかるのでいまはあまり現実的ではないが，遠い将来
には，

　　　　コンピューターが私には作れなかったおもしろい公
　　　　理系を構成して，そこから私には想像もできなかっ
　　　　たすばらしい定理を定式化・証明する．

原理的可能性を否定できない．しかし私は小さな結果で
も，自分で見つければうれしい．その喜びは，ほかの人や

コンピューターが大定理を発見したからといって，消滅するわけではない．ともかく私はよい友達に恵まれ，数学や音楽，詰め将棋やリンドグレーンの作品のようにおもしろいものに出会っただけで満足しており，「人間に生まれてよかった」と思っている．

[コラム] **表現ということ**◆─────────────

「表現」の話を講義の中でしたら，ある学生さんからこんな質問が出た．

「そんなことは簡単じゃないですか．"論理式のゲーデル数である"ことを1で表し，そうでないことを0で表すと約束するんです．そうすれば，

"n がある論理式のゲーデル数である"

ことは

$$n = 1$$

と表せます」(鋭い！)

たとえば

"5275045519 がある論理式のゲーデル数である"

ならば，そのことは

$$5275045519 = 1$$

で表される．これはりっぱな暗号であって，約束を知っている人でなければ，その意味がわからない！

しかし約束を知っている人にとっても，これでは都合の

悪いことがある．この数

5275045519

がほんとうにある論理式のゲーデル数になっているかどうかは，"= 1"という式を見ただけではわからない．ゲーデル数のきめかたをおそわって，5275045519 という数を記号列に翻訳してみなければならないのである．しかしゲーデル先生が作った論理式 $W(n)$ は実によくできていて，次の性質をもっている．

> $W(n)$ は標準的な解釈のもとで真か偽かを問うことができ，しかもその真・偽は，n がある論理式のゲーデル数になっているか否かに一致する．

250 ページの説明（※）の中にあった記号 "⇔" はそういう意味であり，$W(n)$ が論理式を「表現している」というのはそこまで含んでいる——ただ「暗号化する」だけではいけない．だからゲーデル数のきめかたを知らない人でも，すべてを承知しているゲーデル先生が具体的に書き表してくれた論理式 $W(n)$ を利用すれば「n がある論理式のゲーデル数に，ほんとうになっているかどうか」の判定ができる（実際 $W(n)$ の真偽は，n の値が 52…などと具体的に与えられれば，機械的な計算によって判定できる）．

なお 5275045519 は，円周率の小数点以下 10 億桁の，最後の 10 桁である．これが偶然ある論理式のゲーデル数になっているとは，ちょっと思えないが……？

もっとやさしい例でも比較をしてみよう．たとえば「n が奇数である」ことは，論理式

あるkについて　$n = 2 \cdot k + 1$

によって表現できる．これをたとえば「$n = 7$で表す」と約束しても，それは単なる暗号化であって，「表現」とはいえないし，あとの役に立たない．

　念のため断っておくと，「表現」にかかわって使われる同値性"⇔"は内容的同値であって，常識的・直観的に理解あるいは証明できても，それが体系内で形式的に証明できるとは限らない．この同値性"⇔"は，あくまでも体系を外からみた，いわば「超数学的同値」なのである（記号をたとえば"⇌"に変えようか，とも思ったが，かえってわかりにくくなるかもしれないので，やめておいた）．

[コラム]　第2不完全性定理の証明のあらまし▲────────

　論理式Consisは，254～256ページで紹介した論理式と関数を使えば我々にも書ける：どんなmについても，けっして

　　　　[Provable(m)　でしかも　Provable($neg(m)$)]
　　　　　にはならない

ほかにもいろいろな書き方ができるが，これだけ念のため，記号論理の記法でも書いておこう．

　　　$(\forall m) - [\text{Provable}(m) \wedge \text{Provable}(neg(m))]$

　なおConsisの否定－Consisは，もちろん「矛盾の発生」を意味している：あるmについて，

[Provable(m) でしかも Provable($neg(m)$)]

さて定理 4 は，定理 3 の（超）証明の一部分（251 ページ，①）

「もし G が証明可能だとすると，G 自身がいっていることと矛盾する」

を形式化することによって導かれる．ただその前に準備として，ひとつ注意をしておかなければならない．具体的な自然数 k に対して，論理式

$$\text{Provable}(k)$$

のゲーデル数を $p(k)$ とすると，次のことが一般的・形式的に証明できる．

①　Provable(k) → Provable($p(k)$)

これは内容的に，ひらたくいえば

文☆が証明できるならば，「文☆は証明できる」という文も証明できる

ということである（これはけっして自明ではなく，証明を要することであるが，証明はあんがい複雑である）．

さて

$$k = \text{sub}(1117, 17, g(1117))$$

とおくと，これはゲーデル文 G，すなわち $G(1117)$ のゲーデル数であり，

$$\begin{aligned}
G &= G(1117) \\
&= -\text{Provable}(\text{sub}(1117, 17, g(1117))) \\
&= -\text{Provable}(k)
\end{aligned}$$

であるから,

　　　k は "$-\mathrm{Provable}(k)$" のゲーデル数である,

ともいえる．一方 "$\mathrm{Provable}(k)$" のゲーデル数は $p(k)$ なので

$$\begin{aligned}k &= \text{"}-\mathrm{Provable}(k)\text{"のゲーデル数}\\&= neg(\text{"}\mathrm{Provable}(k)\text{"のゲーデル数})\\&= neg(p(k))\end{aligned}$$

が成り立つ．したがって，同語反復

　② $\mathrm{Provable}(k) \to \mathrm{Provable}(k)$

の右辺の k を，それと等しい $neg(p(k))$ におきかえることができ（ライプニッツの法則），

　③ $\mathrm{Provable}(k) \to \mathrm{Provable}(neg(p(k)))$

が得られる．

このように，$\mathrm{Provable}(k)$ を前提とすると，①と③から

　　　$\mathrm{Provable}(p(k))$　と　$\mathrm{Provable}(neg(p(k)))$

が両方とも導かれることになる（矛盾発生！）．これは

　④ $\mathrm{Provable}(k) \to -\mathrm{Consis}$

を意味している．したがって，対偶の法則（の拡張版）によって

　⑤ $\mathrm{Consis} \to -\mathrm{Provable}(k)$

が得られる．ところが右辺の "$-\mathrm{Provable}(k)$" はゲーデル文 G であるから，これは

$$\mathrm{Consis} \to G$$

ということである．

このように Consis →G が証明できるから，もし Consis まで証明できたとすると，推論規則「切断」によって G が導かれる．しかしそれは，体系 Z が無矛盾のときはありえない（第 1 不完全性定理）．したがって，もし体系 Z が無矛盾ならば，論理式 Consis を体系内で形式的に証明することは不可能である．

なお Z の無矛盾性を表現する論理式は，この Consis 以外にもある．

　　　ある m について，−Provable(m)

もそのひとつである——これも Z が無矛盾ならば，Z の中では証明できない．しかし

　　　Z が無矛盾だとすれば，Consis と内容的に同値になる論理式

まで含めると，Z の中で証明できるものがある（クライゼル）．「無矛盾性を（ある弱い意味で）表現している論理式の中には，Z の中で形式的に証明できるものもある」というわけである．

[コラム]　**第 3 不完全性定理とその証明の方針**▲─────

体系 Z が不完全であることは，次の論理式 Incomp によって表現できる．

　　　Incomp：ある m について

　　　　　　[$W'(m)$ でしかも −Provable(m)

でしかも $-\text{Provable}(neg(m))$]

ここで $W'(m)$ は,「閉じた論理式」を表現する論理式である($W(m)$ を修正して作れる).

この論理式 Incomp から,形式的に Consis を導くことができる.実際,

　　　　矛盾を含む体系は,すべて完全
　　　　　　　　($-\text{Consis} \rightarrow -\text{Incomp}$)

ということから,

　　　　　　　　$\text{Incomp} \rightarrow \text{Consis}$

は内容的に「明らか」といってよい（形式的には証明を要する）.だから,もし Incomp が Z の中で証明できたとすると,無矛盾性 Consis も Z の中で導かれることになるが,それは第 2 不完全性定理によって不可能である.したがって,Z が無矛盾ならば,Z の不完全性 Incomp を Z の中で証明することもできない.

なお上と同じ理由で,定理 4 の条件「無矛盾ならば」をさらに強い「不完全ならば」におきかえて,次のように述べることもできる（第 4 不完全性定理：この方がカッコいい？）.

定理 6 Z がもし不完全ならば,Z の不完全性を Z の中で証明することはできない.

[コラム] **コンピューター感覚の不完全性定理**♦

イギリスの数学者テューリング（A. Turing, 1912-1954）は，プログラムで動く現代のコンピューターが登場するよりはるか前に，プログラムで動くコンピューターの原型（いわゆる万能テューリング機械）を構成した．彼の"コンピューター"は一種の記号処理システムで，外からプログラムを読みとり，それが「文法的に正しいか否か」を判定するなど，現代のコンピューターと質的に同等の仕事をやってくれる．だからどんな形式体系でも，1階だろうと高階だろうと，その中での定理の列挙をテューリングのコンピューターのプログラムによって実行できる．そのプログラムは，ありうるすべての定理を次々と作り出すので，証明できない論理式はいつまで待っても出てこないが（また「永久に出てこない」かどうかはただ待っているだけでは永久にわからないが），証明できる論理式（定理）は必ず，有限時間内に現れる．

この機械のプログラムについて，テューリングは次のことを厳密に証明した．

事実（♪） 条件 T：「与えられた記号列 α が，有限時間内に停止するプログラムである」が成り立つか否かを，有限時間内に一般的に判定するプログラムは存在しない．

これが 1936 年，一白水星・丙子の年のことである——このときテューリングは 24 歳で，同じ年に 27 歳のゲンツェンが自然数論の無矛盾性を証明し，スペインで内乱が起こり，日本では私と□□さんが生まれた．

この条件Ｔ（停止性，その判定は「停止問題」halting problem といわれる）は，適当な形式体系の中で，1階述語論理式 $H[\alpha]$ によって表現できる．そこでこの論理式 $H[\alpha]$ かその否定 $-H[\alpha]$ かのどちらかを，いつでも必ず証明できる形式体系Ｓがあったと仮定しよう．するとＳの中の定理を列挙するプログラムを働かせると，$H[\alpha]$ かあるいは $-H[\alpha]$ かのどちらかは必ず有限時間内に出てくるので，どちらが出てくるかによって「Ｔが成り立つか否か」が有限時間内に判定できることになる．しかしそれは上に述べた事実（♪）に反する．だからそのような形式体系は存在しない．いいかえれば，停止問題Ｔを表現できるような形式体系は，すべて不完全である，というわけである．

　テューリングの理論は具体的でイメージを描きやすく，私の直観の源泉である．

[コラム]　ゲーデルの証明はやさしい？◆─────────

　ゲーデルの証明はひじょうにむずかしく「素人には不可解」とか，「正確に理解してる人は世界中でも数えるほどらしいゾ！」という噂まであるが（有限だから，たしかに数えられる！），本質的な部分はそうむずかしくはなく，むしろ初等的といってもよい（有限の立場の特徴？）．しかし逆に「ゲーデルの方法はやさしい」とか「正攻法を勤勉に押

し通しただけ」というのも，極端な話で，私はあまり信用していない．あとになってみれば「やさしく見える」のはよくあることで，カントルの仕事も，いまになってみれば非常にやさしい話ばかりである——もちろん当時としてはカントルの仕事は「禁断の園に土足で踏み込む」ような話で，非常にパラドクシカルに見え，本人も「頭ではわかるが，心からそうだとは思えない」という意味のことをデデキントあての手紙の中に書いている．

なお論理式 Provable からゲーデル文 G を構成するところは，「できる」とわかっていれば，それほどむずかしくない．私は以前何かの解説書で「論理式 Provable を利用して，ゲーデル文を作ればよい」ということを読んで，どうやればそのゲーデル文が作れるかをひとりで考えてみたことがあるが，そのときはおよそ次のような道筋で正解に辿り着いた．

① ウソつきパラドックスをまねるとすれば，論理式
$$\text{"}-\text{Provable}(x)\text{"}$$
が有力候補である．

② しかし論理式 $-\text{Provable}(x)$ の x に，それ自身のゲーデル数を代入してもゲーデル文にはならない——代入によって，論理式が変わってしまうからである．

③ ゲーデル文を作るには，「x にある数 k を代入した結果，すなわち
$$\text{"}-\text{Provable}(k)\text{"}$$
のゲーデル数が，ちょうど k になる」ような k をみつけな

ければならない．それには「代入した結果」を表す関数 sub が役に立ちそうである．

その線で 2 日ぐらい考えて，正解
$$k = \mathrm{sub}(1117, 17, g(1117))$$
に到達した．

ゲーデルは，「ゲーデル文 G を作れる」ということもまだ不確かな時点で暗中模索をやった――ラッセルの階型理論の中で「ウソつきパラドックスのまねができる」というのも，実に皮肉なことであり，凡人が思い及ぶところではない．その過程でどのような道を進んだのか，はっきりしたことはわからないが，彼自身が論文 (I) の中で述べている次の文章から，ある程度の想像はできる．

　この議論（G によって不完全性を示す）はリシャールのパラドックスから類推すればわかりやすいと思う．また「嘘つきパラドックス」とも密接な関連がある．

リシャール (J. A. Richard, 1862-1956) のパラドックスとは，実数についての技巧的なパラドックスなので説明は省くが，ゲーデルは最初「解析学（実数論を含む）の無矛盾性を証明しようとしていた」というから，まずリシャールのパラドックスに出会ったのは自然なことであると思う．おそらく彼は

　リシャールのパラドックス（彼の証明の中では，結局使われていない）から，論理体系の弱点が視野に

　　　　入り,「形成的な不完全性」を目標にすることと対角
　　　　線論法の応用を思いつき, なんらかの道筋で, ウソ
　　　　つきパラドックスと密接な関連がある現在の証明に
　　　　辿り着いた

というようなことではなかったろうか.

　ともかく彼の証明全体としては,「気がきいたひとひね
り」で片付くような仕事ではなく, 特に論理式 "Provable"
の具体的構成は, 前にも述べたとおり大変な腕力を要する
ことであった. だから「算術化」のアイデアとその実行が
「自分にもできた」といえるのは, フォン・ノイマンぐらい
のものであろうが, そのノイマンがゲーデルの仕事を高く
評価していたことを, 見逃してはいけない.

参考文献

●第1〜3章

『ユークリッド原論』訳・解説／中村幸四郎・寺阪英孝・伊東俊太郎・池田美恵，共立出版 (1971)

伊東俊太郎『ギリシア人の数学』講談社学術文庫 (1990)

田中美知太郎『西洋古代哲学史』弘文堂 (1950)

ディオゲネス・ラエルティオス『ギリシア哲学者列伝』(上) タレス，エピメニデス，プラトン，(中)(下) ピュタゴラス，ゼノン，エピクロス他，岩波文庫 (1984, 1989, 1994)

彌永昌吉『数学のまなび方（改訂版）』ダイヤモンド社 (1969)

髙木貞治『近世数学史談』岩波文庫 (1995：原著 1933)

ダニングトン『ガウスの生涯』銀林浩・小島穀男・田中勇訳，東京図書 (1976)

C. リード『ヒルベルト――現代数学の巨峰』彌永健一訳，岩波書店 (1972)

D. ヒルベルト『幾何学基礎論』中村幸四郎訳，ちくま学芸文庫 (2005)

●第4〜6章

林晋『ゲーデルの謎を解く』岩波書店 (1993)

竹内外史『ゲーデル（新版）』日本評論社 (1998)

ルドルノ・ゲーデル他『ゲーデルを語る』前原昭二・本橋信義訳，遊星社 (1992)

前原昭二『数学基礎論入門』朝倉書店 (1977)

●全体

E. T. ベル『数学をつくった人びと』(I) (II) (III)，田中勇・銀林

浩訳,ハヤカワ文庫 (2003)

D. R. ホフスタッター『ゲーデル,エッシャー,バッハ』野崎昭弘・林一・柳瀬尚紀訳,白揚社 (1985)

あとがき

本書は

応用数学者が書いた超数学入門

である．つまり超数学の素人が書いたものであるから，ふつうの入門書よりわかりやすい部分もあるいはあるかもしれないが，限界も当然あるにちがいない．その限界の中で，私が味わった楽しさや感動が，読者の方々に少しでも伝わればよいがと願っている．

本書の内容で著者が疑問を感じたところについては，超数学の専門家である北陸先端科学技術大学院大学の小野寛晰教授のご意見をお尋ねし，確かめてから書いた．また岩手県立一関第二高校の伊藤潤一先生に最初の4章分の原稿に眼を通していただき，わかりにくい文章を書きなおした．ほかにも第1章は多くの方に読んでいただいたが，それらの方々，特に小野，伊藤の両先生に厚くお礼を申し上げたい（ついでに勝手にお名前をお借りしたアキコさんやカズコさん，今回はお名前をお借りしなかったアサコさんやタカシさんほかの皆様にも「お世話になりました」とお礼を申し上げます）．しかし，お2人に全部の原稿をチェックしていただいたわけではないので，もし思い違いとか書き損じ，また読みにくいところが残っているとしたら，それはもちろん著者の責任である．

これを書きながら,「それにしてもギリシャ人たちと, ガウスとヒルベルトは, やっぱりすごい!」と思った. また高木貞治先生と彌永昌吉先生のご本は, 原典をよく読まれているのに感心した.

　最後になってしまったが, 本書の仕掛人は日本評論社の亀井哲治郎氏である. 私をうまくのせてゲーデルについて書く気を起こさせ, この形にまでまとめられた. その間, 書くのは楽しかったのに忙しさに追われて, あるときは1章まとめて書いてしまうのに, ある期間はまったく筆が止まるなど, ひじょうに不規則な進行であった. 編集者としては困られたことであろうに, 不機嫌な顔をされたことがない. おかげさまで気持ち良く仕事ができました. ありがとうございました.

　　　1996 年 8 月 31 日

　　　　　　　　　　　　　　　　　　　　　　　野﨑昭弘

[付記]
　数学基礎論の専門家であられる林晋氏は, 本書を詳細に読まれ, 実に多くのことをお教えくださった. 特に,
① 　私の第 3 不完全性定理の解釈の誤り,
② 　ブローエルとヒルベルトのいわゆる「和解宣言」が, なんと宣戦布告であったこと,
③ 　ヒルベルトの「算術の公理の無矛盾性」が実は「実数論の公理系の無矛盾性」を意味していたこと,

などはまさに「目から鱗」で，さすが専門家と脱帽し，私が理解できた範囲での修正を行った．厚くお礼を申し上げたい．

　なお，人名の読み方「ブローエル」（『岩波西洋人名辞典』に従う）については「ブラワー」，「ブラウワー」，「ブラウアー」など諸説あり，どれが最適か確信が持てなかったのでもとのままにしておいたが，残された疑問点のひとつである．さしあたりはこれで，何卒ご容赦いただきたい．

（2001年4月13日）

文庫版あとがき

　私の現在の専門は情報科学の基礎理論であるが，学生時代には超数学の研究を夢見ていた頃もあった．それなのに「実数全体の集合」に何の疑問も感じていなかったから，未熟なものであった．その後，いくらか超数学を囓ってみて，ふつうの数学とはちょっと違った味ではあるが，哲学でも宗教でもない，まぎれもない数学であることはよくわかった．そこで「理論体系の誕生」から始めて，「数理哲学」ではない「超数学の誕生」を描いてみたくなった．

　特に書きたかったのは，「ヒルベルトは数学から意味を切り捨てた」という俗説が，とんでもない誤解だ，ということである．ヒルベルトが言いたかったことは，「超数学の中では，研究対象としての数学の意味は問わない」ということであって，「数学の意味」の重要性がヒルベルトくらいよくわかっている数学者は珍しいのである．その証拠に，1900年に行った有名な講演「数学の将来の問題について」で挙げられた23個の問題は，20世紀の数学の発展のよい道しるべになった．ついでながら，1950年にかのフォン・ノイマンが「数学の未解決の問題」という講演をしたが，これは散々の不評であった．そのへんのことを書くついでに，形式体系への入門も書こうとして，そのために第3章以下がかなり重くなってしまったが，だいじなところは第

1章，第2章と第6章なので，途中は適当に読み飛ばしていただけるとありがたい．

　本書が最初に出版されたのは1996年9月であるから，もう10年近く過ぎたことになる．その間に，いろいろな読者から鋭いご注意とか好意的なご感想をいただいたりしたが，中でも超数学の専門家である林晋さんからは，第3不完全性定理についての私の思い違いを含めて，たくさんのご注意をいただいた．完全に直し切れてはいないかもしれないが，今回文庫に入れていただくに当たって，気が付いたところはもちろん修正した．また円周率の桁数字について，「9が10個以上続けて表れるところがあるか」という問いが，「実際問題として判定不可能」どころか「実際に判定された」ことは，世界記録保持者の金田康正さんから教えていただいたが，これも愉快なことであった．

　今回の「文庫化」にあたって，最初の編集者・亀井哲治郎さんに再度ご協力をいただき，前回同様，気持ちよく仕事を進めることができた．また筑摩書房の校閲ご担当者は実に厳密なチェックをしてくださり，原著にあった不適当な字句や不統一な記法についてたくさんのご注意をいただいた．私の趣味で，あえて不統一のまま残していただいたところもあるが，かなりの部分が「改良された」と思う．篤くお礼を申し上げたい．

　　　2006年3月15日

野﨑昭弘

本書は、一九九六年九月二十日、日本評論社より刊行された。

熱学思想の史的展開2　山本義隆

熱力学はカルノーの一篇の論文に始まり骨格が完成した。熱素説に立ちつつも、時代に半世紀も先行していた。熱力学のヒントはついに水車だったのか？ 隠された因子、エントロピーがついにその姿を現わす。そして重要な概念が加速的に連結し熱力学が体系化されていく。格好の入門篇。

熱学思想の史的展開3　山本義隆

〈重力〉理論完成までの思想的格闘の跡を丹念に追う。先人の思考の核心に肉薄する壮大な力学史。上巻は、ケプラーからオイラーまでを収録。全3巻完結。

重力と力学的世界(上)　山本義隆

重力と力学的世界(下)　山本義隆

西欧近代において、古典力学はいかなる世界を発見していかなる世界を作り出し、そして何を切り捨ててきたのか。歴史形象としての古典力学。

数学がわかるということ　山口昌哉

非線形数学の第一線で活躍した著者が〈数学とは〉をしみじみと、〈私の数学〉を楽しげに語る異色の数学入門書。

カオスとフラクタル　山口昌哉

ブラジルで蝶が羽ばたけば、テキサスで竜巻が起こる──カオスやフラクタルの非線形数学の不思議をさぐる本格的入門書。（合原一幸）

大学数学の教則　矢崎成俊

高校までの数学と大学の数学では、大きな断絶がある。この溝を埋めるべく企図された、自分の中の数学を芽生えさせる「大学数学の作法」指南書。

数学文章作法 基礎編　結城浩

レポート・論文・プリント・教科書など、数式まじりの文章を正確で読みやすいものにするには？『数学ガール』の著者がそのノウハウを伝授！

数学文章作法 推敲編　結城浩

ただ何となく推敲していませんか？ 語句の吟味・全体のバランス・レビューなど、文章をより良くするために効果的な方法を、具体的に学びましょう。

生物学のすすめ	ジョン・メイナード=スミス 木村武二訳	現代生物学では何が問題になるのか。20世紀生物学に多大な影響を与えた大家が、複雑な生命現象を理解するためのキー・ポイントを易しく解説。
現代の古典解析	森 毅	おなじみ一刀斎の秘伝公開！　極限から始まる、指数関数と三角関数を経て、偏微分方程式に至る。見晴らしのきく、読み切り22講義。
ベクトル解析	森 毅	1次元線形代数学から多次元へ、1変数の微積分から多変数へ。応用面にも異なる、教育的重要性を軸に展開するユニークなベクトル解析のココロ。
対談 数学大明神	安野光雅 森 毅	数楽的センスの大饗宴！　読み巧者の数学者と数学ファンの画家が、とめどなく繰り広げる興趣つきぬ数学談義。（河合雅雄・亀井哲治郎）
新版 数学プレイ・マップ	森 毅	理工系大学必須の線型代数を、一生涯のイメージと意味のセンスを大事にしつつ、基礎的な概念をひとつひとつユーモアを交え丁寧に説明する。一刀斎の案内で数の世界を気ままに歩き、勝手に遊ぶ数学エッセイ。「微積分の七不思議」「数学の大いなる流れ」他三篇を増補。（亀井哲治郎）
フィールズ賞で見る現代数学	マイケル・モナスティルスキー 眞野元訳	「数学のノーベル賞」とも称されるフィールズ賞。その誕生の歴史、および第一回から二〇〇六年までの歴代受賞者の業績を概説。
思想の中の数学的構造	山下正男	レヴィ＝ストロースと群論？　ニーチェやオルテガの遠近法主義、ヘーゲルと解析学、孟子と関数概念……。数学的アプローチによる比較思想史。
熱学思想の史的展開1	山本義隆	熱の正体は？　その物理的特質とは？『磁力と重力の発見』の著者による壮大な科学史。熱力学入門書としての評価も高い。全面改稿。

幾何学 基礎論

D・ヒルベルト
中村幸四郎訳

20世紀数学全般の公理化への出発点となった記念碑的著作。ユークリッド幾何学を根源にまで遡り、斬新な観点から厳密に基礎づける。(佐々木力)

素粒子と物理法則

R・P・ファインマン/S・ワインバーグ
小林澈郎訳

量子論と相対論を結びつけるディラックの対照的に展開したノーベル賞学者による追悼記念講演。現代物理学の本質を堪能させる三重奏。

ゲームの理論と経済行動 I（全3巻）

ノイマン/モルゲンシュテルン
銀林/橋本/宮本監訳
阿部/橋本訳

今やさまざまな分野への応用いちじるしい「ゲーム理論」の嚆矢とされる記念碑的著作。第 I 巻はゲームの形式的記述とゼロ和2人ゲームについて。

ゲームの理論と経済行動 II

ノイマン/モルゲンシュテルン
銀林/橋本/宮本監訳
橋本/宮本訳

第 I 巻でのゼロ和2人ゲームの考察を踏まえ、第 II 巻ではプレイヤーが3人以上の場合のゼロ和ゲーム、およびゲームの合成分解について論じる。

ゲームの理論と経済行動 III

ノイマン/モルゲンシュテルン
銀林/橋本/宮本監訳
銀林/橋本/下島訳

第 III 巻では非ゼロ和ゲームにまで理論を拡張。これまでの数学的結果をもとにいよいよ経済学的解釈を試みる。全3巻完結。(中山幹夫)

計算機と脳

J・フォン・ノイマン
柴田裕之訳

脳の振る舞いを数学で記述することは可能か？現代のコンピュータの生みの親でもあるフォン・ノイマン最晩年の考察。新訳。(野﨑昭弘)

数理物理学の方法

J・フォン・ノイマン
伊東恵一編訳

多岐にわたるノイマンの業績を展望するための文庫オリジナル編集。本巻は量子力学・統計力学など物理学の重要論文四篇を収録。全篇新訳。

作用素環の数理

J・フォン・ノイマン
長田まりゑ編訳

終戦直後に行われた講演「数学者」と、「作用素環について」I〜IVの計五篇を収録。一分野としての作用素環を確立した記念碑的業績を網羅する。

新・自然科学としての言語学

福井直樹

気鋭の文法学者にあたるチョムスキーの生成文法解説書。文庫化にあたり旧著を大幅に増補改訂し、付録として黒田成幸の論考「数学と生成文法」を収録。

物理学入門
武谷三男

科学とはどんなものか。ギリシャの力学から惑星の運動解明まで、理論変革の跡をひもとく科学論。三段階論で知られる著者の入門書。(上條隆志)

数は科学の言葉
トビアス・ダンツィク
水谷淳訳

数感覚の芽生えから実数論・無限論の誕生まで、数万年にわたった人類と数の歴史を活写。アインシュタインも絶賛した数学読み物の古典的名著。

常微分方程式
竹之内脩

初学者を対象に基礎理論を学ぶとともに、重要な具体例を取り上げ、それぞれの方程式の解法と解について解説する。練習問題を付した定評ある教科書。

対称性の数学
高橋礼司

モザイク文様等〝あるべき周期性をもった図形〟対称性を考察し、視覚イメージから抽象的な群論的思考へと誘う入門書。(梅田亨)

数理のめがね
坪井忠二

物のかぞえかた、勝負の確率といった身近な現象の本質を解き明かした地球物理学の大家による数理エッセイ。後半に「微分方程式雑記帳」を収録する。

一般相対性理論
P・A・M・ディラック
江沢洋訳

一般相対性理論の核心に最短距離で到達すべく、卓抜した数学的記述で簡明直截に書かれた天才ディラックによる入門書。詳細な解説を付す。

幾何学
ルネ・デカルト
原亨吉訳

哲学のみならず数学においても不朽の功績を遺したデカルト。『方法序説』の本論として発表された『幾何学』、初の文庫化!

不変量と対称性
今井淳/寺尾宏明/
中村博昭

変わらず変わらないものとは?そしてその意味や用途とは?ガロア理論や結び目の現代数学に現われる、上級の数学センスをさぐる7講義。(佐々木力)

数とは何かそして何であるべきか
リヒャルト・デデキント
渕野昌訳・解説

『数とは何かそして何であるべきか?』「連続性と無理数」の二論文を収録。現代的視点から数学の基礎付けを試みた充実の訳者解説を付す。新訳。

現代の初等幾何学	赤攝也	ユークリッドの平面幾何を公理的に再構成するには？　現代数学の考え方に触れつつ、幾何学が持つ面白さも体感できるよう初学者への配慮溢れる一冊。
現代数学概論	赤攝也	初学者には抽象的でとっつきにくい〈現代数学〉。「集合」「写像とグラフ」「群論」「数学の構造」といった基本的概念を手掛かりに概説した入門書。
数学と文化	赤攝也	諸科学や諸技術の根幹を担う数学、また「論理的・体系的な思考」を培う数学。この数学とは何ものなのか？　数学の思想と文化を究明する入門概説。
微積分入門	小松勇作訳 W・W・ソーヤー	微積分の考え方は、日常生活のなかから自然に出てくるもの。∫や lim の記号を使わず、具体例に沿って説明した定評ある入門書。（瀬山士郎）
新式算術講義	高木貞治	算術は現代でいう数論。数の自明を疑わない明治の読者にその基礎を当時の最新学説で説く。「解析概論」の著者若き日の意欲作。（高瀬正仁）
ガウスの数論	高瀬正仁	青年ガウスは目覚めとともに正十七角形の作図法を思いついた。初等幾何に露頭した数論の一端！　創造の世界の不思議に迫る原典講読第2弾。
評伝 岡潔 星の章	高瀬正仁	詩人数学者と呼ばれ、数学の世界に日本的情緒を見事開花させた不世出の天才・岡潔。その人間形成と研究生活を克明に描く。誕生から研究の絶頂期へ。
評伝 岡潔 花の章	高瀬正仁	野を歩き、花を摘むように数学の自然を彷徨した伝説の数学者・岡潔。本巻は、その圧倒的数学世界を、近衛の研究を克明に描く。
高橋秀俊の物理学講義	藤村靖	ロゲルギストを主宰した研究者の物理的センスとは。力について、示量変数と示強変数、ルジャンドル変換、変分原理などの汎論四〇講。（田崎晴明）

情報理論
甘利俊一

「大数の法則」を抑さえれば、シャノン流の情報理論はよくわかる！シャノン流の情報理論から情報幾何学の基礎まで、本質を明快に解説した入門書。

線形代数
金谷健一

"線形代数の基本概念や構造がなぜ重要か、どんな状況で必要になるか"理工系学生の視点に沿った、数学の専門家では書き得なかった入門書。

神経回路網の数理
甘利俊一

複雑な神経細胞の集合・脳の機能に数理モデルで迫り、ニューロコンピュータの基礎理論を確立した記念碑的名著。AIの核心技術、ここに始まる。

アインシュタイン論文選
アルベルト・アインシュタイン
ジョン・スタチェル編
青木薫訳

「奇跡の年」こと一九〇五年に発表された、ブラウン運動・相対性理論・光量子仮説についての記念碑的論文五篇を収録。編者による詳細な解説付き。

アインシュタイン回顧録
アルベルト・アインシュタイン
渡辺正訳

相対論など数々の独創的な理論を生み出した天才が、生い立ちと思考の源泉、研究態度を語った唯一の自伝。貴重写真多数収録。新訳オリジナル。

入門 多変量解析の実際
朝野熙彦

多変量解析の様々な分析法。それらをどう使いこなせばいい？ マーケティングの例を多く紹介し、ユーザー視点に貫かれた実務家必読の入門書。

公理と証明
彌永昌吉
赤攝也

数学の正しさ、「無矛盾性」はいかにして保証されるのか。あらゆる数学の基礎となる公理系のしくみと証明論の初歩を、具体例をもとに平易に解説。

地震予知と噴火予知
井田喜明

巨大地震のメカニズムはそれまでの想定とどう違っていたのか。地震理論のいまと予知の最前線を明快に整理し、その問題点を鋭く指摘した提言の書。

ゆかいな理科年表
スレンドラ・ヴァーマ
安原和見訳

えっ、そうだったのか！ 数学や科学技術の大発見大発明大流行の瞬間をリプレイ。ときにニヤリ、ときになるほどとうならせる、愉快な読みきりコラム。

ちくま学芸文庫

不完全性定理 ──数学的体系のあゆみ

二〇〇六年五月 十 日 第 一 刷発行
二〇二五年三月二十日 第十一刷発行

著 者 野﨑昭弘（のざき・あきひろ）
発行者 増田健史
発行所 株式会社 筑摩書房
　　　東京都台東区蔵前二─五─三 〒一一一─八七五五
　　　電話番号 〇三─五六八七─二六〇一（代表）
装幀者 安野光雅
印刷所 株式会社精興社
製本所 株式会社積信堂

乱丁・落丁本の場合は、送料小社負担でお取り替えいたします。
本書をコピー、スキャニング等の方法により無許諾で複製する
ことは、法令に規定された場合を除いて禁止されています。請
負業者等の第三者によるデジタル化は一切認められていません
ので、ご注意ください。

© FUKUKO NOZAKI 2025 Printed in Japan
ISBN978-4-480-08988-5 C0141